あなたの猫が7歳を過ぎたら読む本

猫専門獣医師が教える
幸せなシニア期のための心得

監修／山本宗伸
Tokyo Cat Specialists 院長

東京新聞

はじめに

「7歳の猫」と聞いてどんな姿の猫を想像するでしょうか。昔は外猫の平均年齢が5歳前後といわれていましたので、老猫を思い浮かべるでしょうか。

私はよく年齢不詳の猫を保護した方から「このコは何歳ぐらいでしょうか？」と質問されるので、大体の猫の年齢を顔かたちなどから推算し、お答えしています。年間数百匹の新しい猫を診察しており、ほとんどのカルテには正確な年齢が記載されているため、これまでの経験から推定年齢を出します。多くの場合、歯や毛並み、肉球、そして目の虹彩の色から大体の年齢を推定することができます。人間の年齢を当てるのがうまい人の猫版です。猫好きな人でも日頃からたくさんの猫と会う機会がないと、猫の年齢を当てるのは難しいものです。

実際に7歳の猫を見てみると、見た目からはまったく老いを感じません。毛並みはまだまだツヤツヤですし、

目の輝きも衰えていません。猫によってはまだまだおもちゃで遊びたがり、目をまん丸にして追いかけます。

　しかし猫の7歳は人間に換算すると44歳と、壮年期に定義され、体のどこかに不調をきたしてもおかしくない年代に入っています。また若いときとくらべ、暮らしやすい環境も徐々に変わってくるはずです。

　愛猫には健康で長生きしてほしいというのはすべての飼い主さんの希望です。そのためにはシニアに入る前の段階で一度、猫の健康状態をチェックし、ストレスなく暮らせるよう住環境を見直しておくとよいでしょう。

　この本には、健康管理や住環境の見直しをはじめ、猫がシニア期を迎える際に気をつけてほしいことをまとめました。みなさんの猫が幸せなシニア期、さらにその後の老年期を穏やかに迎えるための助けになれば幸いです。

目次

2　　はじめに

第1章 「猫の7歳」を知っていますか？

10　猫の7歳は人間の何歳？
12　猫の本音を読み取ろう
13　しっぽをピンと立てる
14　しっぽをパタパタさせる
15　しっぽが太くなる
16　しっぽを股に挟む
17　しっぽをブルブル震わせる
18　耳にも気持ちが表れる
19　ヒゲの動きにも注目
20　瞳がまん丸になる
21　じっと見つめる
22　お腹を見せてゴロンとする
23　のどをゴロゴロ鳴らす
24　急に噛みつく
25　【コラム】猫だって芸ができる!?
26　毛づくろいをする
28　トイレのあとに猛ダッシュ！
29　前足でふみふみする
30　顔や体をこすりつける
31　お尻をフリフリする
32　爪とぎをする
33　鳴き声には意味がある！
34　窓辺で外を見つめている
35　【コラム】猫同士にも相性がある！

36	**ミドルからシニアへ 老化のサインを見逃さない**
37	寝ている時間が長くなった
38	おもちゃに反応しなくなった
39	毛づくろいの回数が減った
40	毛ヅヤや毛量が減った
41	高いところに上がろうとしない
42	食事を残すようになった
43	体重が減少しやせてきた
44	ヒゲや口のまわりに白い毛が増えた
45	歯に変化が見られる
46	爪が出たままになっている
47	トイレを失敗する
48	**【コラム】猫が好きなトイレをつくる5つのポイント**

第2章 7歳からの健康管理

50	**幸せな「シニア期」を迎えるために**	
51	**食**	食欲アップの7つのヒント
55	**【コラム】猫にはNGな食べもの**	
56	**水**	飲みやすい工夫で飲水量キープ
58	**室内**	寒い季節の過ごし方
60	**室内**	暑い季節の過ごし方
62	**室内**	猫にやさしい部屋づくり
65	**【コラム】アロマに注意**	
66	**トイレ**	失敗しにくいトイレを用意
68	**体のお手入れ**	リラックスできる癒やしのマッサージ
70	**体のお手入れ**	ブラッシングで健康維持
72	**体のお手入れ**	体の汚れをやさしく拭き取る
74	**体のお手入れ**	爪切りは素早くスムーズに
76	**体のお手入れ**	歯磨きの成功プロセス
78	**遊び**	狩猟本能を刺激する

- *80* **留守番** 安全に注意し1泊2日まで
- *82* 体調管理リスト

第3章　7歳を過ぎたら病気に注意

- *84* こんな症状に要注意！
- *85* 猫の体をチェック！

●シニア期に多い病気

- *86* おしっこの量が増えた　**腎臓病**
- *89* 【コラム】飲水量の測定方法
- *90* おっぱい付近にしこりがある　**乳腺腫瘍（乳がん）**
- *92* すり傷がなかなか治らない　**扁平上皮がん**
- *94* 小さなイボが体のあちこちにできた　**肥満細胞腫**
- *96* 注射したところにしこりができた　**注射部位肉腫**
- *98* 嘔吐と下痢が増えた　**リンパ腫**
- *101* 【コラム】避妊と去勢
- *102* 食べているのに体重が減っていく　**糖尿病**
- *104* 慢性的に嘔吐する　**慢性膵炎**
- *106* やたらと走り回り攻撃的になった　**甲状腺機能亢進症**
- *108* なんとなくぐったりしている　**心筋症**
- *110* 口臭がきつくなった　**歯周病**
- *112* 歩くときにつかない脚がある　**関節炎**

●泌尿器科系の病気

- *114* トイレに行ってもおしっこが出ない　**尿路結石**
- *115* 排尿時につらそうにしている　**細菌性膀胱炎**
- *116* 引っ越し後、尿に血が混じるようになった　**特発性膀胱炎**
- *117* 【コラム】猫のストレス障害①　異常に体をなめる

●常に気をつけたい病気

- *118* 吐きそうなのに吐けない **毛球症**
- *120* ネバつきのあるよだれが出る **ウイルス性口内炎**
- *122* 床や家具にお尻をこすりつける **肛門嚢炎**
- *123* しきりに耳を掻いている **外耳炎**

●発症すれば完治が難しい感染症

- *124* **猫伝染性腹膜炎**
- *126* **猫白血病ウイルス感染症**
- *128* **猫後天性免疫不全症候群（猫エイズ）**
- *131* 【コラム】猫のストレス障害② 布を食べる
- *132* 信頼できる動物病院の見つけ方
- *134* 通院のストレスを少なくする
- *136* シニア期だからこそ必要　年に1度は健康診断を！
- *138* 【コラム】ペット保険は必要？

第4章 老齢猫の治療と介護

- *140* **老齢猫介護の心構え**
- *141* 生活環境の見直し
- *142* 栄養補給は食事から
- *144* トイレを介助する
- *146* 皮下点滴をマスターする
- *148* 薬を飲ませる方法
- *150* 点眼薬をさす
- *151* 【コラム】猫にも認知症がある!?
- *152* 終末期の治療で考えること
- *154* 看取りケアの心得
- *156* 寝たきりになったら
- *158* 入院の注意点
- *160* 【コラム】老猫ホームという選択

第5章　お別れのときを迎える

- 162　余命宣告をされたら
- 163　**安楽死という選択**
- 164　看取りを覚悟する
- 166　お別れのサイン
- 168　旅立ちの準備
- 169　棺を用意する
- 170　亡骸を葬る　土葬にする／火葬にする
- 174　ペットロスと向き合う
- 176　【コラム】同居猫の心のケア

特別編　震災から猫を守る

- 178　地震に備える
- 179　室内の危険を取り除く
- 180　室内の避難場所を確保する
- 181　猫と一緒に避難するために
- 184　猫が逃げてしまったら
- 186　避難所での注意点
- 188　【コラム】猫のための避難の際の持ち物リスト

- 190　おわりに

第1章

「猫の7歳」を
知っていますか？

猫の7歳は
人間の何歳？

　猫の平均寿命はどのくらいか知っていますか？

　室内飼いの徹底、ワクチンの普及、フードの改良などにより、**猫の平均寿命は少しずつ延びています。**一般社団法人ペットフード協会の調べによると、2010年には14.4歳だった平均寿命が、2018年には15.3歳。「家の外に出ない」、つまり**室内飼いされている猫の平均寿命は15.9歳、約16歳です。**

　猫の年齢を人間の年齢に換算したのが11ページの表です。これによると、猫の7歳は人間の44歳に相当します。

　個体差はありますが、猫は平均生後3〜4週齢で離乳し、生後1カ月ぐらいから母乳以外の固形物を食べはじめます。永久歯が生えそろうのは6カ月頃です。また、メス猫は6〜12カ月で妊娠可能になります。

　1歳を超えると骨格はほとんど変化しません。メインクーンやノルウェージャンフォレストキャットなどの大柄な猫は3〜5歳まで成長を続けるといわれていますが、1〜1歳半でいったん成長は落ち着きます。

　人間同様、猫も7歳からはミドル（壮年）期を迎え、その後、11〜12歳でシニア（中年）期に入ります。15歳を超えると

スーパーシニア（老年）期、いわゆる老齢猫と呼ばれるステージに入ります。シニア期を迎えた頃から、少しずつ体の衰えが目立つようになり、腎不全や甲状腺機能亢進症など加齢に伴い発症する病気が増える時期が12歳です。

　メス猫に多い乳がんの発症平均年齢は10〜12歳。また猫全体で最も多いがんであるリンパ腫は、発症部位やウイルスの影響によって異なりますが、9〜13歳が平均発症年齢といわれています。

　長生きしてくれるのは嬉しいことですが、その分、病気リスクも高まっていくというわけです。野生時代の名残から、**猫は痛みを隠す傾向があります。シニア期を迎えた猫に対しては、飼い主さんが、それまで以上に体調管理に努めてあげましょう。**

年齢換算表

	猫の年齢	人間換算
子猫期	0〜1カ月	0〜1歳
	2カ月	2歳
	3カ月	4歳
	4カ月	6歳
	5カ月	8歳
	6カ月	10歳
青年期	7カ月	12歳
	12カ月	15歳
	18カ月	21歳
	24カ月	24歳
成猫期	3歳	28歳
	4歳	32歳
	5歳	36歳
	6歳	40歳
壮年期	7歳	44歳
	8歳	48歳
	9歳	52歳
	10歳	56歳
中年期	11歳	60歳
	12歳	64歳
	13歳	68歳
	14歳	72歳
老年期	15歳	76歳
	16歳	80歳
	17歳	84歳
	18歳	88歳
	19歳	92歳
	20歳	96歳
	21歳	100歳
	22歳	104歳

猫の本音を読み取ろう

「猫が何を言っているのかわかったらいいのに……」

猫と一緒に暮らす人なら、一度はそんなふうに考えたことがあるのではないでしょうか。そうすれば、もっと猫の気持ちをわかってあげられるのにと。

でも、大丈夫。**猫がいま何を考えているのかを知る方法があります。**

もちろん、私たちがいきなり〝猫語〟を話せるわけではありません。猫の行動からそのときの気持ちを読み取るのです。

例えば、全身の毛を逆立てて、「シャー！」と唸り声をあげていたら、その猫はいま、猛烈に怒っているということはわかりますよね。

このように、**猫は体のあちこちを使って飼い主さんに自分の気持ちを伝えようとしています。**しっぽ、ヒゲ、目、耳など、じっくり観察すれば、猫の考えていることが、ある程度まで理解できるようになります。

まずは基本的なサインを読み取ることから始めましょう。

しっぽをピンと立てる

　猫の気持ちを知るための入門編ともいえるのが、しっぽの動きです。感情が表れやすいといわれるしっぽは、いろいろなことを伝えてくれます。

　食事の気配を察知すると、猫はしっぽを立てて走り寄ってきます。また、外出先から戻った飼い主さんを、しっぽを立てながら出迎えてくれることもあります。

　猫がしっぽを立てるのは、甘えたい気分のとき。生まれたばかりの猫は自力では排泄できないため、母猫がお尻をなめて排泄をうながしてくれました。その際にしっぽを立てていた名残で、大人になっても相手に甘えたい、かまってほしいというとき、子猫気分がよみがえり、しっぽがピンと立ってしまうのです。

しっぽをパタパタさせる

　猫を抱っこしたり、なでたりしているとき、猫がしっぽを左右にパタパタと動かしはじめたら要注意。これは**気に入らないことがあるというサインです**。おそらく、このとき猫は、抱っこされたくない、なでるのをやめてほしいという気持ちなのでしょう。気づかずそのまま続けていれば、どんどん機嫌が悪くなり、振りが大きくなっていきます。

　犬は嬉しいときにしっぽをブンブンと振りますが、猫はまったく逆というわけです。

　また、目の前に動くものがあり、飛びかかろうかどうしようか考えているときも、しっぽをゆっくり左右に振るようです。

03

しっぽが太くなる

　初めて猫と暮らす人は驚いてしまうかもしれませんが、猫のしっぽは驚きや恐怖を感じると、普段の3倍ぐらいまで太くなることがあります。

　猫のしっぽには立毛筋という筋肉があり、交感神経の刺激によって動きます。驚いたり恐怖を感じたりすると心拍数が上がるため交感神経が刺激され、筋肉が収縮した結果、しっぽが太くなるというわけです。

　相手を威嚇する場合にも、同様の変化が起こります。しっぽを太くし、さらに全身の毛を逆立てることで自分を大きく見せようとしているのです。

　しっぽが太くなっている猫に、うかつに手を出せば噛みつかれてしまうかもしれません。しっぽがもとの太さに戻るまでそっと見守りましょう。

しっぽを股に挟む

　相手を威嚇したものの、どうにもかなわない、**降参しようと考えた猫は、しっぽを股の間に挟んでじっとしています。**

　しっぽを股に挟む理由として考えられているのは、自分を小さく見せることで攻撃の意思がないことを示すため。相手を威嚇するためしっぽを太くして自分を大きく見せるのと反対の行動ですね。

　また、猫はしっぽを前足に巻きつけることがありますが、これは気持ちが落ち着いていることを意味します。**しっぽを体に巻きつけていると、すぐには動けませんから、しばらくその場所にいるつもりという意思表示**のようです。

しっぽをブルブル震わせる

　猫は動くものに飛びかかろうとする直前、しっぽをブルブル震わせます。

　このときの猫の気分は**「獲物を見つけた！」「行くぞ～！」という、やや戦闘モード**。興奮を抑えることができず、その気持ちがしっぽに表れてしまうようです。

　このように、猫のしっぽは気持ちを読み取るために欠かせない存在ですが、もうひとつ大事な役割があります。それはバランスをとること。歩いているときに、しっぽをユラユラと動かしているのも、そのためです。

　狭いフェンスの上などを歩く際、ちょっとバランスを崩しそうになっても、**しっぽを素早く動かすことで体勢を立て直しています**。木の枝などの細いものの上でも難なく歩けるのは、しっぽのおかげなのです。

17

06

耳にも気持ちが表れる

　リラックスしているとき、猫の耳は少し外側を向いていますが、**興味があるものを発見したり、驚いたりすると、耳はまっすぐ上に向かってピン！と立ちます。**

　一方、耳をやや後ろにそらせるようにしているときは、緊張や警戒、または何かにイライラしているとき。さらに、耳を完全に伏せてしまうのは怯えのサインです。猫同士がにらみ合いながら耳を伏せて唸り声をあげることがありますが、そのとき猫の気持ちは恐怖でいっぱいなのです。

　ちなみに**猫の聴覚はとても優れています。**人間の可聴範囲が20〜2万ヘルツ、犬が20〜4万ヘルツなのに対し、猫はなんと20〜10万ヘルツ！ 猫にとって大きな音は、とても怖いものだということも覚えておきましょう。

ピンと立つ

やや後ろにそらせる

完全に伏せる

ヒゲの動きにも注目

　耳と同時に注目したいのが、ヒゲの動きです。猫のヒゲの根元には立毛筋という小さな筋肉があり、この筋肉を収縮させることでヒゲを自在に動かすことができるのです。

　興味のあるものを見つけると、猫はヒゲを真横にピンと張ります。 何かに驚いたときも、同じようにヒゲはまっすぐ横に張られています。

　リラックスしているときはヒゲをたたむように後ろに向けます。また猫同士があいさつをしたり、においを嗅ぎ合ったりするときのヒゲはだらんと下がった状態になります。

　ヒゲの根元には動きを感知する神経があり、空気の流れまで感知することができます。 ヒゲがなくなると外部からの情報が減り、猫は不安を感じます。また、神経があるため、絶対に抜かないでください。

真横にピンと張る

後ろにたたむようにする

だらんと下がる

瞳がまん丸になる

　猫の魅力のひとつに、まん丸の目があります。

　明るいところでは細くなり、暗いところでは大きく丸く、ときには光ることもある、猫の瞳はまさに変幻自在。

　瞳（瞳孔）の大きさを変えることで、猫は目に取り込む光の量を調節しています。明るさによって瞳の大きさが変化するのは人間も同様ですが、猫の場合、体にくらべて目が大きいので目立つというわけです。

　ただし、瞳が大きくなるのは暗い場所だけではありません。例えば、目の前に得体の知れない動くものが現れたりしたら、じっくり観察するために猫の目はまん丸に変化します。相手がいつ飛びかかってきてもいいように、準備態勢に入っているのです。

　では、暗闇で光るのはなぜでしょう。猫の網膜の裏側にはタペタムという反射膜がついています。このタペタムが入ってきた光を反射し、網膜に返すことで、猫は光を２倍にして感知できるのです。だから、猫は暗闇でもすいすい歩けるというわけです。

じっと見つめる

　何もない方向を猫がじっと見つめていることがあります。

　実はこれ、見ているのではなく、音を聞いているのです。猫がとても耳がいいということは、すでにお話ししましたが、この優れた聴覚で、**人間には聞こえないわずかな音も聞き取っているのです。**一点をじっと見つめるのは猫の不思議な行動のひとつですが、決して〝存在しない何か〟を見ているわけではありませんので、ご安心を。

　逆に目をそらす場合もあります。例えば、見知らぬ猫に出会い、しばしにらみ合いを続けたとします。でも、これはかなわないなと思えば猫はフッと目をそらします。つまり、**顔を背けることで「闘う意思はありません」ということを相手に伝えているのです。**

お腹を見せてゴロンとする

　お腹は猫にとっての大事な場所。急所でもあるため、野生で暮らしていた猫は、決してお腹を見せませんでした。その習性が残っているため、**たとえ気持ちよさそうに寝ていたとしても、うっかりお腹をなでてはいけません。**「シャー!」と怒られ、ときには引っ掻かれてしまうかも。経験済みの飼い主さんもいるのではないでしょうか。

　そんな大事なお腹を見せるのは、どんなときでしょうか。猫は子猫時代、兄弟姉妹同士で遊ぶ際にお腹を見せて、相手がかかってくるのをワクワクしながら待っていました。お腹を見せることで、「かまって〜」「遊んで、遊んで!」と伝えていたのです。

　つまり、**猫がお腹を見せてゴロンゴロンするのは、飼い主さんを信頼して甘えている証拠です。**もし猫がこのポーズをとったら、思い切り遊んであげましょう。

のどをゴロゴロ鳴らす

　猫が膝の上に乗ってきて、のどをゴロゴロ鳴らしながら気持ちよさそうにくつろいでいる姿を見るのは、飼い主さんにとって最高に幸せな瞬間ですよね。

　なぜ猫がこのゴロゴロ音を出すのかについては諸説ありますが、**一番よくいわれているのが「満足のサイン」というもの。**

　子猫はお腹いっぱい母乳を飲んだことを母猫に伝えるためにゴロゴロとのどを鳴らすといわれます。つまり、**猫は気分がいいときにのどを鳴らすのです。**

　ただし、ハッピーなときばかりでもないようです。

　けがをしたり、体調が優れなかったりするときにもゴロゴロとのどを鳴らすことがあります。のどを鳴らすことで気持ちを落ち着けようとしている、新陳代謝を活発にして体調を取り戻そうとしているなど、いろいろな説がありますが、覚えておきたいのは、猫がのどを鳴らすのは気分がいいときばかりではないということ。実は不調を訴えている場合もあるので、この音が聞こえてきたら、まずは様子をチェックしましょう。

急に噛みつく

　気持ちよさそうにゴロゴロとのどを鳴らしながら飼い主さんになでられた猫が、いきなりその手をガブリ！　飼い主さんは、「え、どうして？」と不思議でならないはず。

　原因はふたつあります。

　まずひとつめは、**「なでる時間が長すぎる」**ことです。最初は気持ちよくても、ある程度の時間が過ぎると、猫は飽きてきます。もう十分と思っても、その気持ちは飼い主さんには伝わりません。徐々にイライラしてしまい、ついつい攻撃してしまうのです。

　もしなでているときに猫がしっぽをパタパタと左右に振りはじめたら、それは「もういいよ」のサインです。すぐに解放してあげましょう。

　もうひとつは、**「なでる場所を間違えている」**こと。猫がなでてほしいのは、自分の舌が届かない（毛づくろいができない）おでこや耳のつけ根、首まわりなど。ここをなでると猫は喜びますが、**お腹と足はNGです。**ここを触られるのを嫌がる猫は多いので、うかつになでないよう気をつけてください。

column

猫だって芸ができる!?

カチッと音がするクリッカーという道具とおやつを使えば、猫も芸を覚えることができます。難易度を徐々に上げていけば、猫も達成感が得られますし、飼い主さんとのコミュニケーションもはかれます。まずはハイタッチに挑戦してみましょう。

STEP 1
クリッカーを鳴らしながらおやつをあげる。音がするとおやつがもらえると覚えさせる。

STEP 2
ボールペンなどを猫の顔の前に差し出し、ペンに鼻をつけたらクリックしておやつをあげる。これを何度も繰り返すと、猫はクリッカーを持った人と一緒にいるとおやつがもらえることを学習し、手を出して催促するようになるので、ペンを差し出し、触ったらクリックしておやつをあげる。

STEP 3
ペンを自分の手のひらにつけて差し出す。このステップも何度も繰り返し、できるようになったら猫がペンに触るタイミングで素早くペンを外して手に触らせる。できたら、クリックしておやつをあげる。

STEP 4
差し出した手に猫が触ってくるようになったら、この段階で「ハイタッチ」と口にし、合図の言葉として覚えさせる。「ハイタッチ」→猫が触る→クリック→おやつ、を繰り返せば、最終的に「ハイタッチ」と言うだけで猫は手を合わせてくるようになる。

毛づくろいをする

　唸り声をあげて、にらみ合っていた猫同士が、いきなり毛づくろいを始めることがあります。飼い主さんの目にはちょっと不思議に映りますが、猫にとってはごく当たり前の行動。むしろ必要なことでもあります。

　毛づくろいのそもそもの目的は、古い体毛や汚れをなめとって、体を清潔に保つこと。猫の舌はざらざらしているため、クシ代わりになるのです。猫は日常的にこの毛づくろいを行っているため、体はいつも清潔、いやなにおいもしません。

　では、なぜけんか中に体をきれいにする必要があるのでしょう。

　実は、猫の毛づくろいにはもうひとつ、大事な役目があるのです。それは、気持ちをリセットすることです。

　不安を感じたり、イライラしたりしたときにも猫は毛づくろいをします。これは「転移行動」と呼ばれるもので、**不安や恐怖、強いストレスなどを、一見無関係に見える行動で解消することを指します。**高いところに上がろうとして失敗したときなども、毛づくろいをすることがありますが、これは一種の照れ隠しといえるでしょう。

　なぜ毛づくろいが気持ちのリセットにつながるのかについては

諸説ありますが、ひとつには、子猫時代の記憶が挙げられます。生まれたばかりの子猫は自分で毛づくろいができないため、母猫が体をなめてあげていました。そのときの満ち足りた気持ちが記憶の中に残っているため、**何かよくないことが起こったとき、猫は自分で自分を安心させようとして毛づくろいをしているのかもしれません。**

　また、あくびも転移行動のひとつといわれます。猫が目をしっかりと開けたままあくびをするのは、眠いわけではなく、緊張を紛らわせようとしているときです。冒頭のにらみ合いのシーンでも、あくびをすることがあります。

トイレのあとに猛ダッシュ！

　トイレを済ませた猫が、いきなり走り出したり、一心不乱に爪をといだりするのを見たことがある飼い主さんも多いのではないでしょうか。

　これは「トイレハイ」などと呼ばれる現象で、野生時代に砂漠で暮らしていた頃の名残のひとつといわれています。トイレ中は無防備になるため、砂漠など敵の多い場所での排泄は、猫にとってはかなり緊張することでした。そのため、**無事にトイレを終えた解放感から、ついついハイになってしまい、駆け回ったり爪をといだりするようです。**

　まれに便秘や膀胱炎（ぼうこう）が原因でトイレハイのような行動をとる場合もありますので、排泄に異常があるようなら、動物病院で検査してもらいましょう。

前足でふみふみする

　子猫時代の記憶は、成長後の猫の行動に大きく関係しています。よく知られる行動に、毛布やクッション、あるいは飼い主さんのお腹の上で足踏みするように、前足をふみふみするものがありますが、これも子猫時代の名残のひとつ。

やわらかくてあたたかいものに触れると、母猫のおっぱいを左右の前足で交互に押し、母乳を飲んでいたときの幸せな気持ちを思い出し、つい同じようにふみふみしてしまうのです。

　子猫の離乳は、通常生後3〜4週齢ぐらいですが、それ以前に母猫から離された猫に、この「ふみふみ」が多く見られるといわれています。**飼い主さんを母猫と思い甘えている**わけですから、猫にとっても、飼い主さんにとっても、「ふみふみタイム」が幸せな時間であることは間違いありませんね。

顔や体をこすりつける

　飼い主さんがハッピーになる猫の行動に、顔や体をすりすりとこすりつけてくるものがあります。帰宅した際、しっぽを立てて走り寄ってきた猫が、この「すりすり」をしてくれたら、飼い主さんは嬉しくてたまらないのではないでしょうか。

　顔や体をこすりつける行為には、自分のにおいをつけて縄張りを主張する、つまりマーキングの意味があります。猫はあごの下と口のまわり、耳のつけ根、しっぽのつけ根などに、においのある分泌物を出す腺を持っています。部屋の柱や壁に、顔や体をこすりつけているのは腺から出るにおいをつけて、縄張りを主張しているわけです。

　猫同士が頭と顔をこすり合わせることがありますが、これは互いのにおいをつけ合う、あいさつのようなものです。

　「なんだ、マーキングか」とがっかりする必要はありません。猫が顔や体をこすりつけてくるということは、飼い主さんを自分のものだと主張しているわけですから。猫にとっては親愛のあいさつですので、猫の頭をなでて応えてあげましょう。

お尻をフリフリする

　体勢を低く構え獲物が近づくのを待って、一気に飛びかかる —— これが猫のハンティングスタイルです。

　獲物に狙いを定めるために、猫はしっぽを揺らしてバランスをとります。頭を低く下げると、自然とお尻は上がってしまうため、お尻をフリフリと振っているように見えてしまうというわけです。

　家の中で暮らす猫に狩りのチャンスはありませんが、**動くものを見ると、野生の本能が目覚めてしまう**ようで、動くおもちゃに飛びかかるときなど、このスタイルをとることがあります。猫は飼い主さんと遊ぶことで、狩りを疑似体験しているのかもしれません。猫が満足するまで、遊びにつきあってあげましょう。

爪とぎをする

　猫の爪とぎにはいくつか理由があります。

　ひとつには爪とぎによって古い爪をはがし、新しい爪に生え替わらせること。

　次にマーキングです。前足の指の間や肉球にはにおいのある分泌物を出す腺があり、爪とぎをすることでにおいづけをし、縄張りを主張しているのです。

　猫はイライラしているときや興奮状態にあるときにも爪とぎをします。マーキングには気持ちを静め、安心感を得る効果もあるようです。

　このように、猫にとっては欠かせない爪とぎですが、飼い主さんにとってはちょっと困りものです。新しい家具や壁をボロボロにされた……、という飼い主さんも多いはず。とはいえ、猫の習性でもある爪とぎをやめさせるわけにはいきませんので、まずは、**市販の爪とぎグッズを用意しましょう。**いくつか試して、猫が気にいるものを見つけます。

　次に、どうしても爪とぎをしてほしくないところには、背の高い観葉植物を置くなどしてブロックしましょう。ただし、猫に害のないものを選ぶようにしてください。

鳴き声には意味がある！

　猫同士の会話は、お互いの鼻を近づけ、においを嗅ぎ合うこと。子猫が母猫に自分の居場所を伝えたり、助けを求めたりするときに鳴き声をあげることはありますが、成長した猫同士の間で鳴き合うことは滅多にありません。つまり、猫の鳴き声は人間に向けたものだと考えることができます。

　鳴き声のパターンをいくつか覚えておけば、体の動きと合わせ、よりいっそう猫の気持ちが理解できるはずです。

●短い「にゃっ」
名前を呼ばれたとき、とりあえずの返事のように返ってくるのが短い「にゃっ」です。親しい相手へのあいさつのようなものです。

●はっきりした「にゃ〜お」
お腹がすいた、ドアを開けて、遊んで、など何かを要求するとき、はっきりとした声で「にゃ〜お」と鳴きます。

●低めに強い「にゃ〜っ」
部屋に閉じ込められたなど、何か不快なことがあって、それを訴えているときの「にゃ〜っ」は低く強い調子で響いてきます。

窓辺で外を見つめている

　猫を家の中だけに閉じ込めておくのはかわいそう……、そう思う飼い主さんもいるようですが、当の猫はそれほど気にはしていません。ドアを開けた途端に脱走した、という話もよく耳にしますが、好奇心からいったんは出たものの、どうしていいかわからず、近くでじっとしていたり、すぐに戻ってきたりすることが多いようです。

　家の中だけで暮らしている猫が家の外、つまり自分の縄張り以外の場所に出るのは、実は相当に不安なこと。安全な家の中で暮らすのが一番と思っていることでしょう。

　窓の外をじっと見つめているのは、単に外の景色を眺めているだけ。鳥や虫など外で動くものに興味をひかれ、注意深く観察しているのかもしれません。

　窓の外を見つめる猫が、ときどきあごを細かく動かしながら**「カカカカカカッ」という不思議な声を出すことがあります。**これは頭の中で獲物に噛みつくことを想像して、歯をカチカチ鳴らしているのだといわれています。

column

猫同士にも相性がある！

個体差はありますが、猫同士の相性は年齢や性別によって違います。血縁関係がある同士はうまくいきますが、縄張り意識の強いオス同士は難しいといわれます。

○
【相性のいい組み合わせ】

母猫×子猫　　兄弟姉妹

血縁関係がある猫同士は仲良く暮らせる。

子猫×子猫

子猫のときに一緒に暮らしていれば仲良くなる可能性大。

成猫メス×成猫メス

メスは縄張り意識が弱いためトラブルは起きにくい。

成猫×子猫

先住猫が成猫なら、子猫を敵とは捉えない。

△
【まあまあの組み合わせ】

成猫オス×成猫メス

子供を産ませないなら必ず避妊・去勢を。

×
【相性の悪い組み合わせ】

成猫オス×成猫オス

縄張り意識が強いため、けんかが起きやすい。

シニア猫×子猫

シニア猫が子猫の活発さに疲れてしまう。

ミドルからシニアへ
老化のサインを見逃さない

　先にもお話ししたように、猫は7歳を過ぎるとミドル期を迎え、その後のシニア期（12歳前後〜）に入ると、人間同様、体の機能が少しずつ低下し、環境の変化に対する抵抗力も弱くなっていきます。つまり猫にも老化が訪れます。

　猫が何歳から老化を迎えるかは、個体差や生活環境の違いなどが影響しますので一概にはいえません。8歳で老猫に見える場合もありますし、12歳を過ぎても元気に駆け回っている猫もいますが、一般的には12歳前後でその兆候が表れると考えられています。つまりシニア期に入ると徐々に老化が始まり、ミドル期はその予備軍というわけです。

　シニア期の猫は臓器も弱っていきますので、さまざまな病気を発症しやすくなります。また、動きが鈍くになったり食欲が落ちたり、行動にも変化が表れます。そうした〝老い〟のサイン、「シニアサイン」が何らかの病気の初期症状を現していることもありますので、猫がシニア期に入ったら、小さな変化も見逃さないようにしてください。

寝ている時間が長くなった

　猫の睡眠時間は、平均すると1日12〜16時間程度。ただし、7歳を過ぎたあたりから睡眠時間が少しずつ長くなり、**10歳を超えると、1日18〜20時間を寝て過ごすといわれます。**

　年齢を重ねると少しの運動でも疲れやすくなるのは、人間も同じこと。できるだけ体を休めようとするのは自然の摂理ですので、邪魔をせず、そっと寝かせてあげましょう。

　ただし、気をつけたいのは寝ている場所です。**うす暗い人目につかない場所で寝ているときは、調子が悪いため姿を隠そうとしている可能性**があります。シニア期以降の高齢猫はもちろんですが、まだ若い猫の場合でも、もし、そうした傾向が見られたら、食欲や排泄などに変化がないかなど、健康状態をチェックしてください。

　逆に、暖かい場所を好むようになる場合もあります。高齢になると基礎代謝が下がるため、若い頃より寒がりになることが原因ですので、毛布を敷いてあげるなどして、暖かい寝床をつくってあげましょう。

おもちゃに反応しなくなった

　年齢とともに少しずつ活動性が低下し、同時に好奇心も薄れていきます。

　おもちゃに反応してはみたものの、体力がないため**すぐに疲れてしまう、好奇心も薄れているため遊びが続かないというのはシニア猫にありがちな行動です。**

　ここで注意してほしいのが、おもちゃに反応しているものの、動こうとしない、また、動いたとしてもつらそうにしている、勢いよく走れないなど、歩行にトラブルがある場合です。

　よろよろしているように見える、左右の脚の運びが均等でないなどの変化が見られたら、関節炎など脚に異常を発症している恐れがあります（詳しくは112ページを参照）。もし動きに異常が見られたら、すぐに動物病院を受診しましょう。

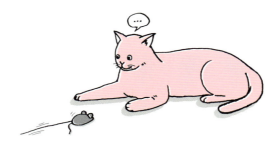

03

毛づくろいの回数が減った

　毛づくろいは気持ちを安定させるために猫にとって大切なものであるということは、すでにお話ししました。ところが、高齢になると毛づくろいの回数が減り、その結果、抜けた毛が被毛にたまることになります。

　猫が毛づくろいの際に飲み込んだ毛が胃や腸などの消化管にたまることが原因で発症する病気に毛球症（詳しくは118ページを参照）があります。

　毛球症は年齢に関係なく発症する病気ですが、抜けた毛が大量にたまった状態で毛づくろいをすると、体表にたまった分の毛も一緒に飲み込むことになってしまいます。もし、最近**毛づくろいの回数が減ったなと感じたら、こまめにブラッシングをして、抜け毛を取り除いてあげましょう**。長毛種の猫の場合、特に注意が必要です。

毛ヅヤや毛量が減った

　毛づくろいの回数が減れば、それだけ体の表面に汚れがたまりますので、当然毛ヅヤが失われていきます。また、**加齢により被毛の質が低下することもあります。**毛並みも悪くなり、被毛が束になって分かれる「毛割れ」が目立つようになります。

　同時に被毛の量も少しずつ減りはじめます。短毛種では気づきにくいかもしれませんが、**長毛種の猫の場合、ふさふさした感じがなんとなく失われていきます。**

　こうした変化は加齢に伴うものなので、軽度であれば特に心配はいりません。飼い主さんがまめにブラッシングをしてあげれば、見た目の清潔さは保たれます。ただし、**被毛が束になって抜ける、いわゆる脱毛が見られた場合は要注意です。**アレルギーや皮膚炎の恐れがありますので、炎症を起こしていないかどうか、体をチェックしてください。

毛が分かれる

高いところに上がろうとしない

　キャットタワーの上など、猫は高いところが大好き。子猫の頃は元気に跳び上がっていたはずです。ところが、**シニア期以降の高齢猫の場合、一番上の段にのぼらなくなったり、のぼろうとして失敗したりすることがあります。**また、のぼらずにキャットタワーをじっと見つめていることもあります。

　猫はジャンプ力に優れた動物で、自分の身長の4～5倍の高さまで跳べるといわれています。秘密はやわらかい関節と背骨のバネ、そして後ろ脚のキック力にあります。ところが、高齢になれば、これらが徐々に失われていきますので、**子猫の頃のようには跳べなくなってしまうのです。**

　猫が高いところを好むのは、猫にとってそこが安全で落ち着く場所だからです。たとえ筋力が弱っても、できるだけ自力で上がれるよう、高齢の猫には段差の幅の狭いキャットタワーを用意してあげましょう。

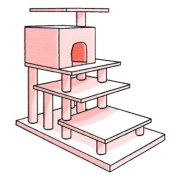

06

食事を残すようになった

　シニア期を過ぎた高齢の猫がかかりやすい口腔（こうくう）の病気に歯周病（詳しくは110ページを参照）があります。歯周病を発症すれば、痛みのため食べることはできませんので、もし、たびたび食事を残すようになったら、口の中をチェックしてください。

　また、猫はどんなものでも最初ににおいを嗅ぎます。これは、野生時代に狩りをしていた頃の名残です。においによって獲物が安全かどうかを判断し、口にしていたのです。

　ところが、シニア期を過ぎると嗅覚が鈍るため、フードのにおいをうまく嗅ぎ取ることができず、食欲が刺激されないため食べなくなってしまうのです。

　逆に、異常に食欲旺盛になった場合も要注意です。糖尿病や甲状腺機能亢進症など、内分泌系の病気の恐れもありますので（詳しくは102、106ページを参照）、食欲に異常が見られたら動物病院で検査してもらいましょう。

体重が減少しやせてきた

　食べる量が少なくなれば当然体重は減少し、同時に、筋肉量も減っていきます。**背中を触ると背骨のゴツゴツした感触がわかるようになり、お腹まわりの肉がたるむようになっていくのも高齢猫に見られる「シニアサイン」のひとつです。**

　こうした変化が徐々に起きる場合は心配いりませんが、食事の量は変わらないのにやせていく、急激にやせた、などの症状が見られたときには病気の疑いがあります。体重減少を伴う病気はいくつかありますので（詳しくは第3章を参照）、心配なときは動物病院で検査を受けてください。

　また、**体調管理のため、定期的に猫の体重を量ることをおすすめします。**微妙な体重変化を読み取るため、メモリの幅が小さいベビースケールが便利です。

ヒゲや口のまわりに白い毛が増えた

　人間が加齢とともに白髪が増えるように、猫も高齢になると白い毛が見られるようになります。毛はメラニン色素と呼ばれる色素細胞によって着色されて生えてきますが、高齢になると、このメラニン色素がつくられにくくなることが原因です。猫の場合、12歳を過ぎた頃から口や目、耳のまわり、ヒゲに白い毛が増えてきます。

　また、加齢によって毛の色が変化していくこともあります。

　例えば、黒猫の毛が赤茶っぽくなったり、茶トラの色が薄くなったりすることがありますが、これは加齢のため色素が減ったことによるものです。そういえば、最近、色が変わってきたような気がする……と感じたら、それもシニアサインのひとつと受け止めてください。

歯に変化が見られる

　人間もそうであるように、猫の歯にも歯石がつきます。

　歯石は食事のカスと細菌などが含まれた歯垢が唾液中のカルシウムなどを取り込んで石灰化したものですが、猫の場合、2〜3日で歯垢が歯石になり、**さらに歯磨きが難しいこともあって、歯石がつきやすくなります。**高齢猫に歯周病が多いのはそのためです。

　もともと猫の歯は真っ白ですが、年齢とともに歯垢や歯石が付着しはじめ、歯の表面が薄い茶色になったり、歯のつけ根に薄い黄色や灰色の塊がついたりするようになります。**特につきやすいのが、上あごの奥歯の中で一番大きな第4前臼歯です。**この大きな歯は日頃からよく確認してください。

　歯石予防のために欠かせないのが歯磨きです。歯磨きを嫌がる猫も多いので、子猫時代から、歯磨きに慣れさせておくことが大切です（詳しくは76ページを参照）。

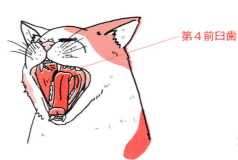

第4前臼歯

爪が出たままになっている

　フローリングの床を歩く猫の足元から聞こえてくる「カチカチ」という音、実はこれもシニアサインなのです。

　シニア期を過ぎた猫は、運動量が減ってきますので、爪とぎの回数が減っていきます。 その結果、古い爪が重なり、太く厚みを増していきます。さらに、老年期になり爪とぎの回数が減ると、猫は爪を引っ込めることができなくなります。つまり、**太くて厚い爪が出しっぱなしになっているため、歩くたびに音がするようになるのです。**

　伸びすぎた爪が肉球を傷つけるなど、けがの原因になることもありますので、「カチカチ」音が聞こえてきたら、伸び具合をチェックしましょう。もし、爪とぎの回数が減っているようなら、飼い主さんがまめに爪切りをしてあげてください（詳しくは 74 ページを参照）。

爪とぎされている爪

爪とぎされず肉球に食い込んだ爪

トイレを失敗する

　猫はトイレを覚えるのが早く、粗相をすることが少ないといわれています。ところが、高齢猫の場合、トイレの段差を越えるのが億劫（おっくう）になり、我慢してしまうことがあります。トイレの場所が猫の寝床から遠い場合も同様です。トイレまで行くのが面倒で、我慢した末に、やむを得ずトイレ以外の場所で排泄してしまうことになるのです。

　もし、トイレを失敗することが増えたら、容器の形や置き場所など、トイレ環境に問題がないか見直してください。

　また、排泄のキレが悪くなり、お尻まわりにウンチがついたままになっていることもあります。一方、運動量が減り代謝が悪くなるため、便秘がちになる猫もいます。

　こうした傾向が見られるのもシニアサインのひとつですが、**尿のにおいや色が変わった、トイレの回数が増えて水をよく飲むなど、明らかな変化があった場合は、泌尿器科系の病気の恐れもあります**ので、動物病院で検査を受けましょう。

column

猫が好きなトイレをつくる 5つのポイント

きれい好きな猫にとって、汚いトイレは最大の敵。猫目線で考える快適なトイレとは？

Point 1
サイズは猫の体の1.5倍

大柄な猫で、ふさわしいサイズが見つからないという場合は、大きなプラスチックトレイで代用するという方法もあります。

Point 2
猫の数＋1個が基本

飼い主さんが忙しくてなかなか掃除ができない場合でも、トイレが複数あれば、猫はきれいなほうを選んで使うことができます。

Point 3
猫砂は猫の好みで

基本的にはにおいがなく、粒子が細かい固まりやすい砂が好みのようです。ただし、猫によって好みが分かれるところですので、何種類か試してみましょう。

Point 4
落ち着く場所を選ぶ

乾燥機や洗濯機のそば、家族が集まる部屋など生活音が響く場所、車の音や人の声が聞こえる道路沿いの部屋は落ち着かないのでトイレの置き場所としてはふさわしくありません。またフードとトイレはできる限り離してあげましょう。

Point 5
1カ月に1回は丸洗い

猫砂をまめに交換することはもちろん、トイレ本体も1カ月に1度は洗剤を使って丸洗いします。その際、猫が嫌いな柑橘系の洗剤は使わないようにしてください。

第2章

7歳からの健康管理

幸せな「シニア期」を迎えるために

猫が7歳を迎えたら、この先にやってくるシニア期の準備を少しずつ始めましょう。

12歳前後でシニア期に入った猫に少しずつ老化が訪れるということは、第1章でお話ししたとおりです。これまでとは違ったケアが必要になりますが、シニア期に入った途端にあれこれ準備したり、切り替えたりするのは、猫にも飼い主さんにもストレスになってしまいます。そこで重要になってくるのが、体も脳も活発に動き、順応性の高いミドル期のケアなのです。

例えば、フードの切り替えも、ミドル期を迎えた際に一度経験しておけば、次のシニア期への移行もスムーズに行えますし、飲水量に関しても、ミドル期のうちに猫の好みの水や器が見つかれば安心です。シニア期の猫はこだわりや好みがはっきりしてくることがありますので、ミドル期のうちに猫が暮らしやすいよう生活環境を整え、穏やかなで幸せな毎日を過ごせるようにしてあげましょう。

食欲アップの7つのヒント

　まず、**最初に見直したいのが食事です。**年齢を重ねると消化吸収能力や代謝機能も徐々に衰えるため、それまでとは必要な栄養素が違ってくるからです。若い頃と同じ食事はカロリー過多となり肥満につながります。肥満のままシニア期を迎えると、内臓にも関節にも負担をかけてしまいますので、ミドル期のうちにきちんと食事管理を行い、適正体重を守ることを心がけてください。

1 総合栄養食と一般食

　シニア期の食事について考える前に、**キャットフードには、「総合栄養食」と「一般食」があることを覚えておきましょう。**総合栄養食はその名のとおり、必要な栄養素がすべて含まれたフードのこと。いわば主食のような役割を果たします。一方、一般食は副食としても販売されているもので、「おかず」的な存在です。特定の栄養素を補助するもので、主食にすることはできません。必ず総合栄養食と一緒に食べさせるようにしてください。ここで取り上げている「キャットフード」はすべて総合栄養食を指しています。

2 フードを切り替える

現在、市販されているキャットフードは、幼猫から高齢期猫までライフステージ（年齢）別に分かれ、**7歳を過ぎたミドル期の猫には「中高齢期猫用フード」が用意されています**。その後は年齢に合わせて切り替えていきます。

3 切り替えは焦らずに

ただし、7歳を過ぎたからといって、慌ててすべてのフードを一度に切り替える必要はありません。一気に切り替えてしまうと、食べなかったり、場合によっては消化不良を起こしてしまったりすることがあります。**最初は食べ慣れたフードに新しいフードを少しずつ混ぜることから始めます**。猫の様子を見ながら、徐々に新しいフードに切り替えていきましょう。12歳からの「高齢期猫用フード」に切り替える際も同様です。

４　ウエットフードを取り入れる

　加齢に伴い**歯周病を発症する確率が高くなります。うまく噛めなくなるため、**ドライフードに口をつけようとしない、食べにくそうにしているなどの様子が見られたら、ウエットフードを試してみてください。ウエットフードのほうが食が進むようなら、口の中に痛みがある可能性がありますので、動物病院を受診しましょう。

５　「におい」で食欲増進

　猫はどんなものでも最初ににおいを嗅ぎますが、シニア期以降の猫は嗅覚も衰えがち。もし、猫の食欲が落ちているなと感じたら、**ウエットフードを少し温めてみてください。**においで食欲が刺激されるかもしれません。

6 盛り付けにも工夫を

　できるだけ猫が食べやすいよう、フードは食器の中央に小さな山をつくるように盛ってあげましょう。猫が食べるうちに山が崩れてきたら、再度盛り直します。残りが少なくなったら、猫の口の大きさに合わせて小さくまとめてあげましょう。多少の手間はかかりますが、猫が食べる様子を観察するのも健康管理のひとつです。

7 器の高さを調節する

　シニア期に入り足腰が弱ってきて、かがむのが億劫になる猫もいます。それが食欲低下の原因につながることもありますので、猫がかがまなくても済むよう、適当な高さの台の上に器を置くようにしましょう。これだけで、猫はずいぶん楽になるはずです。

猫にはNGな食べもの

　人間の食べものの中には中毒症状を起こしたり、病気の原因になったりする食材が含まれています。ここに紹介したものは特に注意してください。

●タマネギ、ネギ、ニラ、ニンニク

赤血球を破壊してしまう「アリルプロピルジスルフィド」という物質が含まれているため、貧血や食欲不振、呼吸困難、血尿、嘔吐などの症状を引き起こす危険性も。これらの食材を使ってつくったスープ類もNG。

●サバ、アジ、イワシなどの青魚、マグロ

長期間食べていると発熱や強い痛みを伴う「黄色脂肪症」という病気を引き起こす恐れがある。

●アワビの肝

肝に含まれる「ピロフェオホルバイド」という成分が「光線過敏症」を引き起こす場合がある。特に猫の耳は毛や色素が薄いため日光に反応しやすく、腫れやかゆみなど、皮膚炎に似た症状を引き起こすことも。

●生のイカ

イカの内臓には「チアミナーゼ」という酵素が含まれており、猫にとって必要なビタミンB_1を壊してしまう。

●チョコレート

大量に摂取すると1〜2時間で落ち着きがなくなり、興奮状態に。2〜4時間経過すると嘔吐や下痢、呼吸の乱れが起こり、発熱する場合もある。

飲みやすい工夫で飲水量キープ

　砂漠の乾燥地帯に住んでいた猫の祖先は、あまり水を飲まずに暮らしていました。**少ない水で暮らせるよう進化したため、人間と一緒に暮らすようになった今も飲水量は多くなく**、それがシニア期以降の猫に腎臓病が多い理由のひとつだと考えられています。できるだけ長く腎臓機能を保つため、7歳を過ぎたら猫が水を飲みたくなるような工夫を考えることが必要です。

水は常に新鮮なものを

　フードと水を並べて置いておく飼い主さんは多いと思いますが、**実は別々に置くのがおすすめ**。食べているときにフードが水の器に入ってしまい、水が汚れてしまうからです。水は1日に2回、夏場は3回、交換してください。

水の置き場所を増やす

　猫が飲みたいと思ったときいつでも飲むことができるよう、猫の寝床の近く、よく通る場所など、**3〜4カ所に置いておくといいでしょう。**

容器を替える

　おすすめは猫のヒゲがぶつからないようなフラットなもの。容器が小さすぎるとうまく飲めないため、猫は億劫になって水を飲まなくなってしまいます。

フードにお湯をかける

　いつも食べているドライフードにお湯をかけてふやかし、水の摂取量を増やすという方法もあります。また、フードをドライタイプからウエットタイプに替えるだけでも、水分摂取量は増えます。

室内

寒い季節の過ごし方

　シニア期の猫は、体温調節が苦手になります。特に寒さ・暑さにうまく対応できなくなりますので、季節に合わせた環境づくりを心がけましょう。

シニア期の猫は寒がり

　暑い砂漠で暮らしていた猫は寒さに弱いといわれています。特にシニア期の猫は基礎代謝が落ちるため寒がりになりますので、冬場はいつでも猫が潜り込める暖かい場所を用意します。ペット用の湯たんぽを利用するのもいいですが、熱に対し鈍感になっていきますので、低温やけどには十分注意してください。

室温は暖房設定で 20 〜 22℃に

　寒暖差は猫にとって特に負担になります。真冬の早朝や夕方はタイマーを活用し、急激な温度差を防ぎましょう。また、床暖房やホットカーペットは、皮膚が弱かったり自分の意思で動けなかったりする猫の場合、長時間触れることになり、低温やけどを起こす危険性があります。使用する場合は、温度設定を低めにしましょう。

加湿器を用意する

　エアコンをつけていると部屋の空気が乾燥してしまいます。**加湿器を用意し、乾燥を防ぎましょう。**

暖かくて快適なベッドをつくる

●ドーム型のベッドを用意
気密性が高いドーム型のベッドは、猫の体温がこもるため暖かくなります。

●毛布やフリースを活用
ベッドには猫がお気に入りの毛布やフリースを入れておくと、暖かいうえにリラックス効果も望めます。特に寒さの厳しい時期はドーム型ベッドの上に毛布を1枚かけておきます。

●湯たんぽを入れる
低温やけどを防ぐため、湯たんぽはタオルやフリースでしっかり包みます。

室内

暑い季節の過ごし方

　年齢に関係なく**最も気をつけたいのが、熱中症**です。特にシニア期の猫は温度を感じとるセンサーが働きにくくなるため、暑さに気づかないことがあるようです。元気にしていたと思ったら、突然ぐったりした……、ということのないよう、夏の暑い日には必ずエアコンを使い、**猫が口を開いていないか、呼吸は荒くないかなど常にチェックしましょう。**

室温は 28℃前後に

　エアコン温度は 28℃前後が猫は過ごしやすいと考えられています。冷やしすぎには気をつけましょう。また、湿度が高いと熱中症の危険が高くなりますので、**猫の居場所の湿度が 60％以上にならないようにしてください。**

遮光カーテンをつける

　直射日光の当たらない場所にベッドを置き、できれば遮光カーテンをつけて光の量を調節してください。

水の器を増やす

　夏場は特に水を飲んでほしいので、**いつもより１カ所多く用意し、常に新鮮な水を注いでおきましょう。**

熱中症？　と思ったら

　ハアハアと荒い呼吸をしたり、ぐったりしていたりしたら、まず涼しい場所に移動させます。そのうえで、水を飲ませ、冷たい水で濡らしたタオルで全身を冷やし、すぐ動物病院に連絡してください。冷やす際は冷やしすぎないよう気をつけます。熱中症は症状が急変することもありますので、十分注意してください。

室内

猫にやさしい部屋づくり

　猫は家具の置き場所などで生活空間を記憶しています。位置を変えない限り生活に支障はありませんが、逆にいえば、模様替えなどで家具を動かしてしまうと、猫は空間が把握できなくなってしまいます。シニア期を迎えても落ち着いて生活できるよう、猫が7歳を過ぎたら、できるだけ家具の位置は変えないようにしましょう。同時に、徐々に筋力が落ち、関節の柔軟性も失われていきますので、猫の体に負担をかけないような工夫が必要です。

着地をサポートする

　シニア期の猫にとって、たとえ椅子の上からでも飛び降りた際の衝撃はかなりのもの。そこで、動きがにぶくなってきたなと感じたら、着地点になる場所にはクッションやジョイント式のフロアマットを敷くなどして、少しでも着地の衝撃を和らげてあげましょう。

安心できる場所をつくる

　野生時代、猫は高い場所に上がることで敵から身を守りまし

た。その名残から、家の中でも高い場所にいると安心します。キャットタワーや本棚の上など、猫が安心してくつろげる場所を用意しましょう。

上り下りの負担を減らす

　キャットタワーは段差の幅が狭いものを選び、猫がくつろぐ高い場所まで階段状にものを置いたりスロープを設置したりするなどして、楽に上がれるようにしてあげます。

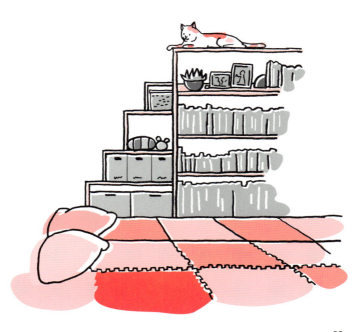

観葉植物に注意

　飼い主さんが何気なく飾っている植物の中には猫にとって危険なものがあります。最も気をつけなければいけないのが、ユリの花。毒性が強く、うっかり口にすると急性腎障害を発症する危険性があります。人気のポトス、クリスマスシーズンにおなじみのポインセチアも危険な植物ですので、猫がいる空間には置かないようにします。

縄張り点検場所を確保する

　窓辺で外を眺めるのは縄張り点検のための大事な日課。猫がお気に入りの窓辺にはものを置いたりせず、スペースを確保しておきます。もし、窓辺が高いところにある場合は、段差をつけて上がりやすくしてあげましょう。

column

アロマに注意

人間にとってはリラックス効果の高いアロマオイルですが、猫にはとても危険なもの。その一番の理由は、猫の肝臓の機能にあります。猫の肝臓には、アロマオイルに使われる精油の一部の成分を解毒する「グルクロン酸抱合」が存在しません。そのため、精油が体にたまりやすく悪影響を与えることに。精油は特定の植物から抽出された成分を濃縮してつくられています。毛づくろいをすることで、猫は被毛についたそれらの成分をなめとってしまうのです。

猫が暮らす空間ではアロマオイルは使わないようにしましょう。

特に危険な精油・アロマオイル

●かんきつ類
レモン、オレンジ、グレープフルーツ、ベルガモット

●香り成分のフェノール類
オレガノ、クローブ、シナモン、タイム、バジル

失敗しにくいトイレを用意

　加齢とともに粗相が増えるということは、すでにお話ししました。病気が原因でなければ、トイレ環境の見直しが必要です。

トイレの数を増やす

　猫がトイレを我慢しなくて済むよう、**猫がよく行く場所に2〜3カ所トイレを置きます。**

猫砂をたっぷり入れる

　猫砂は汚れたらその都度入れ替え、**常にきれいな砂をたっぷり入れます。**尿で固まるタイプの砂なら量を確認できるのでおすすめです。

ペットシーツを敷きつめる

　万が一、トイレの外に排泄してしまっても大丈夫なように、トイレのまわりに吸収性に優れたペットシーツを敷き詰めます。シーツが汚れたらすぐに取り替え、トイレのまわりは常に清潔に保ちましょう。

トイレの容器を替える

足腰が弱り、トイレ容器の縁をまたぎにくくなる場合もあるので、**容器を縁のないトレイ型に替える、あるいは容器の入り口に踏み台を用意する**など、猫が楽にトイレを使えるよう工夫しましょう。

お尻まわりを清潔に

シニア期の猫はお尻まわりの毛づくろいをすることが減ります。もし、お尻まわりにウンチがついたままになっていたら、**市販されているお尻拭きウエットシート**などできれいに拭いてあげましょう。

 体のお手入れ

リラックスできる癒やしのマッサージ

　猫は高齢になるほど「子猫気分」が強くなります。飼い主さんがやさしくマッサージしてあげれば、母猫になめてもらっていた頃の幸せな気分を思い出し、リラックスできるはずです。さらにマッサージによって、痛みやしこり、湿疹など、体の異変にいち早く気づくことができますし、普段から体を触られることに慣れさせておけば、動物病院での診察もスムーズに進むかもしれません。病気を発症しやすくなるシニア期を前に、マッサージを習慣化しておきましょう。

【顔まわり】

首
猫はあごの下をなでられるのが大好きです。首の後ろ側も掻くようにしてなでてあげましょう。

顔
子猫時代、母猫になめられていた記憶がよみがえり、とてもリラックスできるようです。口から頬にかけて、ゆっくりなでてあげましょう。鼻のまわりも気持ちのいいポイントです。

額
目と目の間から頭頂部に向かってなでます。

耳の後ろ
耳の後ろを掻くようになでてあげると猫は気持ちがいいようです。猫が後ろ足で掻くぐらいの強さがおすすめです。

【体まわり】

背中
人差し指と中指を使い後頭部から背中、肩甲骨、しっぽに向けて掻くようになでましょう。

しっぽのつけ根
猫はフェロモンを出す分泌腺がある場所を触られると喜びます。しっぽのつけ根にも同様の分泌腺がありますので、やさしくなでたり、トントンと軽く叩いたりしてあげましょう。

　肉球や指の間、足、お腹などは触られると嫌がる猫もいるので、様子を見ながら進めていきます。マッサージする際は力を入れすぎないよう注意します。また、終了後しばらくは、おもちゃで遊ばせるなどせず、猫をゆっくり休ませてあげましょう。マッサージしていて、しっぽをパタパタふりはじめたら、それは「もう十分」のサインですので、そこで終了してください。

体のお手入れ

ブラッシングで健康維持

シニア期に入ると、徐々に毛づくろいの回数が減り、抜け毛が増えます。そこで飼い主さんがブラッシングを行い、代わりにケアしてあげましょう。ブラッシングの適度な刺激が血行を促進し、マッサージ同様、猫の体の異変に気づくことにもつながります。

ブラッシングは毛の流れに沿って行います。まずは後ろ首からお尻に向かってブラッシングします。お尻を触られると嫌がる猫もいますので、お尻の辺りではすっと力を抜くようにします。次に背中からお腹、あごの下からお腹に向けてブラッシング。顔まわりは、顔の中心から外側に向かってとかしていきます。顔まわりや脚にはコームを使いますが、その際、コームは皮膚に対し斜めに入れるようにします。直角にあてると皮膚を傷つける恐れがありますので、気をつけてください。

短毛種は主にラバーブラシを、長毛種はお腹のあたりに毛玉ができやすいため、コームや目の粗いブラシを使ってとかします。

〈短毛種用〉

ラバーブラシ

〈長毛種用〉

金属製コーム
スリッカーブラシ
目の粗いブラシ

〈ブラッシングする方向〉

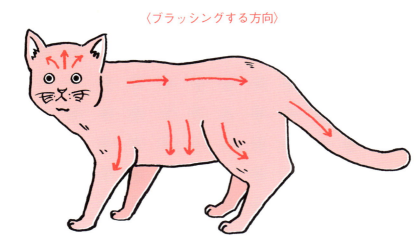

体の汚れをやさしく拭き取る

　自力では拭き取れない体の汚れは洗ってあげたいところですが、猫は体が濡れるのをとても嫌がります。猫の毛は密度が濃く、ふかふかしていて油分も少ないため、水に濡れると乾くのに時間がかかります。それも猫が水を嫌がる原因のひとつのようです。

お風呂は年に1〜2回

　もし猫が嫌がらないようであれば、年に1〜2回の割合でお風呂、もしくはシャワーで洗ってあげましょう。

　長毛種は抜け毛がからまりやすく、脇やお腹に毛玉がたくさんできてしまいます。毛玉対策としてお風呂に入れるのもいいでしょう。その際の目安は年3〜4回です。お湯をぬるめに設定し、猫用シャンプーで体全体を洗います。人間用シャンプーは脱脂力が強く、毛がゴワゴワになってしまいますのでNGです。耳に水が入らないよう、顔まわりを洗う際は耳介を指で防いでください。

　ドライヤーを怖がる猫が多いので、できる限りタオルで水気を拭き取り、暖かい部屋で自然乾燥させてあげましょう。

お風呂代わりのホットタオル

　お風呂が苦手な猫に対しては、ホットタオルとドライシャンプーできれいにしてあげましょう。お湯につけたタオルをきっちり絞り、まず猫の体を包み全身を拭きます。じんわり体が温まり、猫もリラックスできます。

　次にブラッシングで大きな汚れを落とし、手に取ったドライシャンプーを体になじませます。再度タオルを使い、全身をマッサージするようにしながら水分を完全に拭き取ります。その後は暖かい部屋で乾かしてあげます。

体のお手入れ

爪切りは素早くスムーズに

シニア期の猫は爪とぎ回数が減ってしまうため、爪が伸びていきます。**放っておくと、巻き爪のような状態になり肉球を痛めることもありますので**（詳しくは 46 ページを参照）、3～4週間に1回を目安に爪を確認し、伸びているようなら爪切りをしてあげましょう。ただし、爪切りが苦手な猫は多いので、若いうちから慣れさせておくことがおすすめです。切る際は**猫が怖い思いをしないよう、できるだけスムーズに**行ってください。

1. 切る順番を決める

猫が怒り出せば、爪切りはそこで終了。それだけに切りやすいところから始めて、猫の機嫌を損なわないようにしましょう。

●後ろ足→前足

前足の爪は大事な武器のため、多くの猫が嫌がりますので、まずは後ろ足から切りはじめます。

●外側→内側

内側の爪を切られるのを嫌がる猫もいますので、外側から切っていきましょう。

2. 爪を出す

猫を後ろからだっこし、安定したところで指先の爪のつけ根部分をやさしく上下から押します。すると隠れている爪がにょきっと出てきます。

3. 切る位置を確認

爪の指に近い位置にはうっすらと血管が見えます。血管を切ると出血しますので、必ず血管の位置を確認し、そこから2mm以上離れたところを切りましょう。

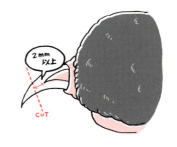

4. 嫌がったらすぐ終了

爪切りは思い切りよく、短時間で済ませることが大切です。躊躇して何度もやり直すと猫がイライラしはじめます。猫が嫌がるようなら、そこで終了し、時間を空けて再度行いましょう。

 体のお手入れ

歯磨きの成功プロセス

　加齢とともに歯周病など口腔内の病気にかかりやすくなるのは、猫も人間も同じこと。病気予防に欠かせないのが歯磨きです。爪切り同様、シニア期からいきなり始めるのは難しいので、若いうちから習慣化しておくといいでしょう。

1. 口にタッチからスタート
いきなり口を開けさせようとせず、**まずは口に触られることに慣れさせます。**

2. 歯を触ってみる
口を触られても平気になったら、口を開けて**最初は手前の歯（切歯）、慣れてきたら奥の歯（臼歯）**に触ってみます。

3. ガーゼで歯の表面を拭く
歯に触っても平気なようなら、動物用の歯磨きペーストをつけたガーゼでそっと歯を拭いてみます。

4. 歯ブラシで磨く

ガーゼで歯を拭くことに成功したら、いよいよ歯ブラシを使います。**歯ブラシは動物用、または人間の小児用のもの**を用います。

歯の磨き方

　歯ブラシの角度は歯に対して約45度にし、**力を入れず小刻みに動かします**。切歯、犬歯、臼歯（奥歯）の順に磨いていきます。歯と歯茎の間にたまった歯垢を掻き出すイメージで磨きます。もし、どうしても磨けないようなら、**ガーゼで歯を拭くだけでもOK**です。

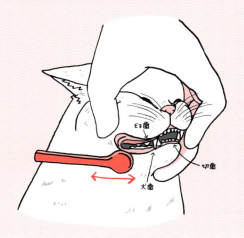

狩猟本能を刺激する

　シニア期に入り、おもちゃにあまり反応しなくなった高齢猫の場合でも、遊びに「狩り」の要素を感じれば、狩猟本能が刺激され反応してくれるかもしれません。おもちゃに反応しないからと遊びに誘うことをやめてしまえば老化が進んでしまいます。そうならないよう、まだまだ元気なミドル期のうちにいろいろな遊びを試し、猫の興味を引きつけておきましょう。

動くものはやっぱり好き

　目の前で動くものがあれば、つい手を出してしまうかもしれません。ヒモつきのおもちゃを目の前で揺らしてみましょう。ゆっくり揺らす、小刻みに震わせる、はわせるなど、動きをアレンジすれば猫も興味を持ってくれます。

ボールをキャッチ

　紙を丸めてつくったボールを猫の視線の先に投げてみます。興味を持てば猫は追いかけていきます。たとえゆっくりとした動きでも十分な運動になります。

箱の中は楽しい

　箱の中に隠れて手を出したり引っ込めたり、猫はこの動きが大好きです。そこで、ヒモつきのおもちゃを箱の中の猫に見えるよう動かしてみましょう。きっと大喜びで反応してくれるはずです。

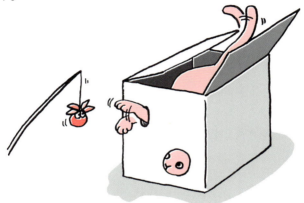

ハイタッチ！

　25ページで紹介したクリッカートレーニングでハイタッチにチャレンジしてみましょう。猫と飼い主さんのコミュニケーションもはかれます。

 留守番

安全に注意し1泊2日まで

　猫が健康であれば、飼い主さんが1泊2日程度不在にしても、動物病院やペットホテルに預けなくて大丈夫なことがほとんどです。むしろ環境を変えられるほうが猫のストレスは大きくなります。シニア期を迎える前に、留守番を経験しておくのもいいでしょう。ただし、2泊以上になると、フードや水が傷んだり、トイレが汚れてしまったり、猫にとって不都合なことが生じてしまいます。猫好きな知人にケアをお願いする、ペットシッターさんを頼むなどの対策が必要です。もし、投薬の必要がある場合は動物病院に預けましょう。

夏の留守番の注意点

　一番怖いのは熱中症です。換気扇を回したり、冷房をつけたりしてできるだけ通気をよくしておきます。部屋のドアを開けておき、猫が涼しい場所を探して自由に歩き回れるようにすることも必要です。エアコンをつけて出かける際は、室温が28℃前後になるよう設定し、誤操作防止のためリモコンは猫が触れない場所へしまいます。フードはドライフードを用意します。

冬の留守番の注意点

　寒さに弱いといわれる猫ですが、猫用ベッドや段ボールなどにタオルや毛布を敷き、暖かい場所をつくっておけば、猫は自分で潜り込みます。エアコンは暖房設定で20℃に。ホットカーペットやこたつは猫がコードにじゃれつき、コンセントが外れたりする危険性がありますので、電源を切ってコードは片づけておきます。

出かける前のチェックリスト

- [ ] 水とフードは、猫の数＋1個以上用意
- [ ] トイレはきれいに掃除し、猫の数＋1個用意
- [ ] ゴミ箱は猫が開けられないよう外しにくいフタをする
- [ ] 包丁などの刃物はしまう
- [ ] 生ゴミは始末する
- [ ] バスタブの水は抜く
- [ ] 洗濯機のフタを閉める
- [ ] 電化製品のコンセントを抜く
- [ ] 猫が入りやすいすき間はふさいでおく
- [ ] 高いところにはものを置かない
- [ ] 猫の移動の邪魔になるものは片づける
- [ ] 猫が行き来できるよう部屋のドアを開けておく
- [ ] 戸締まりはしっかりと

体調管理リスト

データから健康状態を読み取ることができますので、毎日書き込みましょう。
体温は市販されている耳穴で測るペット専用体温計で測ります。

年月日	体重	体温	食事量	飲水量	排泄状態	遊びの様子

🐾 コピーして使ってください。

第 3 章

7歳を過ぎたら 病気に注意

こんな症状に要注意！

　7歳を過ぎると、猫の体にいろいろな変化が訪れることは、すでにお話ししたとおりです。シニアサインをきちんと読み取ることは、とても大事なことですが、単なる老化と思い込み、病気を見逃してしまうことも、実は少なくありません。

　病気の中には、見ただけでは初期症状に気づけないものも多くあります。普段からスキンシップを欠かさず、観察を怠らないようにしましょう。マッサージやブラッシングなどをまめに行い、体を触っていれば、ちょっとした異変にもすぐに気づけるはずです。

　猫がすりすりしてきたり、お腹を見せてゴロゴロしていたりするときが体を触るベストタイミングです。逆に熟睡しているときやおもちゃで遊んでいるときには手を出さないように。猫に嫌われてしまうかもしれませんので、気をつけましょう。

猫の体をチェック！

全体
急激にやせた→**糖尿病、甲状腺機能亢進症、悪性腫瘍**など

胸・お腹
腫れやしこり→**乳腺腫瘍、リンパ節・内臓の腫れ**など
心拍数が速い→**心筋症、甲状腺機能亢進症**など
（正常な心拍数は安静時で1分間に140〜220回前後と報告されているが、自宅でリラックスしている際でも200回以上のことが多いといわれる。心拍数は胸部を触って測る）

耳
触ると痛がる→**外耳炎**など

目
ねばつきのある目やに、涙が多い→**感染症やアレルギー**

口
よだれ、口臭が激しい→**ウイルス性口内炎、歯周病**

背中
毛が薄い、部分的な脱毛→**皮膚炎、内臓疾患**
触ると嫌がる→**関節炎などの炎症**
皮膚をつまむと戻りが遅い→**脱水**

脚
腫れやしこり→**皮膚の腫瘍**
触ると嫌がる→**関節炎などの炎症**

しっぽ
脱毛やできもの→**皮膚炎による炎症や発疹**など

シニア期に多い病気 ①

おしっこの量が増えた
腎臓病

　高齢猫に最も多いといわれる病気が慢性腎臓病です。 腎臓病は徐々に腎機能が低下する慢性腎臓病と、急激に腎機能が低下する急性腎障害がありますが、猫は圧倒的に慢性腎臓病が多く、15歳以上の81％が慢性腎臓病を発症するともいわれています。

 原因

　なぜ猫に腎臓病が多いのか、はっきりした理由はわかっていません。

　猫の祖先は水の少ない砂漠で暮らしていたため、水分を温存する必要があり、体内で少量の濃縮した尿をつくれるよう進化しました。一説では、腎臓は尿をつくる「ネフロン」という構造が集まってできていますので、猫特有の濃縮された尿をつくる過程でこのネフロンが摩耗しやすくなり、やがて破壊につながるのではないかと考えられています。ネフロン数が減少する

と、うまく尿をつくることができなくなります。その結果、**体外に排出できない老廃物が体内に留まることになり、腎臓病を発症してしまう**のです。慢性腎臓病はゆっくりと進行するため、最初はほとんど症状が現れず、飼い主さんが気づいたときには、すでに腎機能の半分以上が失われていたということも珍しくありません。

 ## 病気のサイン

　慢性腎臓病の代表的なサインは多飲多尿です。たくさん水を飲み、尿の量が増える、色が薄くなる、においが弱くなるといった変化があれば、腎臓病を疑います。ただし、尿の変化はゆるやかに進行するため、飼い主さんが気づけないこともあるようです。そこで、飲水量を量ってみましょう。**1日に体重×50㎖以上の水（体重3kgの猫の場合、3kg×50㎖=150㎖）を飲むようになったら、受診のサインです。**

> シニア期に多い病気

治療方法

「腎臓病の進行を防ぐ」「生活の質を上げる」ことを目的に治療を行います。腎臓は再生できないため、**少しでも進行を遅らせ、猫が健やかに暮らせることを目指す**わけです。

最も効果的なのが、療法食を取り入れること。一般食を食べている猫に対し、療法食を食べている猫は余命が倍以上になるというデータもあるほど、その効果は認められています。また、猫に必要な栄養素であるリンは適度に摂取しなければいけませんが、過剰な摂取は腎機能の低下を早めてしまいます。リンを制限したフードが開発されていますので、獣医師と相談のうえ、取り入れるようにしましょう。

予防方法

腎臓の機能を守るためには、**症状が現れる以前から、食事のケアを行い、腎臓へ負担をかけない配慮が必要です。**同時に多尿による脱水を防ぐため、水を飲ませる工夫もすべきです。フードの一部をウエットタイプに替えるだけでも水分量は増えます。また、腎臓病は血液検査や尿検査が発見のきっかけになりますので、定期的な検診も受けるようにしてください。

 column

飲水量の測定方法

飲水量を正確に測定するには、自然に気化する分も計算に入れる必要があります。気化する水は微量ですが、猫の飲水量はそれほど多くないので、きちんと量りましょう。

1. いつも使っている水飲み皿に200〜300mlの水を入れる。

2. 気化した水分を測定するため、同じ容器をもうひとつ用意し、同量の水を入れ、猫が飲めないよう網など（気化できるもの）でフタをする。

3. 12時間後、ふたつの器に残っている水の量を量る。
例）水の量が300mlの場合、フタのない（猫が飲んだ）ほうが200mlに、フタのあるほうが280mlになっていたとします。フタのない（猫が飲んだ）ほうは100mlの水が減っていますが、そのうち20ml（300ml－280ml／フタのあるほう）は気化した分なので、100ml－20ml＝80mlとなり、この80mlが実際に猫が飲んだ半日の飲水量です。
夜間にたくさん水を飲む猫もいるので必ず2回行い、平均値から飲水量を測定します。

シニア期に多い病気 ②

おっぱい付近にしこりがある
乳腺腫瘍（乳がん）

　猫の場合、**乳腺にできる腫瘍の９割は悪性腫瘍（乳がん）だといわれています**。放置すると肺などほかの臓器に転移する危険性が高いため、早期発見・早期治療が何より大切です。

 ## 原因

　不妊手術をした猫に発症例が少ないため、乳がんには女性ホルモンの作用が影響していると考えられています。また発症平均年齢が10〜12歳なので、加齢の影響も見逃せません。避妊手術を行っていないシニア期のメス猫は注意が必要です。

病気のサイン

　猫の乳腺は胸部から腹部にかけて左右４対、合計８個存在します。**猫がしきりに胸部や腹部の乳腺があるあたりをなめていると感じたら、その部分にしこりがないかどうか触ってみてください。**初期ではしこり以外の症状が現れることはほとんどあ

りませんので、しこりを感じたら、それがどんなに小さいものでも必ず動物病院を受診しましょう。

 ## 治療方法

最も効果的なのは外科手術で切除することです。 腫瘍ができた側の乳腺をすべて切除し、場合によっては反対側の乳腺も切除することがあります。

ただし、手術にはある程度のダメージが伴います。高齢の猫であれば、さらにリスクが高まりますので、手術が可能かどうか、獣医師ときちんと相談してください。

 ## 予防方法

避妊手術を受けていない猫の乳がん発症率は、避妊済みの猫の約7倍ともいわれることから、**避妊手術を行えば、かなりの確率で発症を防げると考えられています。** 避妊手術のメドは生後3〜4カ月から半年まで（詳しくは101ページを参照）。ただし、避妊手術をしても発症することはありますので、普段の観察を忘れずに。

猫の乳腺の位置

:::: シニア期に多い病気 ③ ::::

すり傷がなかなか治らない
扁平上皮がん

　体の表面や粘膜にできた腫瘍ががん化したものが扁平上皮がんです。**毛の薄い部分にできやすく、特に鼻の頭や耳などに多く見られます。** 白い毛の部分に多く発症することから、白猫や部分的に白い被毛を持つ猫のほうが若干発症しやすいともいわれています。また、口腔内や鼻腔内に発症するケースもあります。

 ## 原因

　皮膚の扁平上皮がんは、長期間、紫外線を浴び続けたことで細胞が損傷し、がん化すると考えられています。口腔内など皮膚以外の部位にできる扁平上皮がんは、免疫力の低下したシニア期の猫に多く見られます。

 ## 病気のサイン

　皮膚炎のように脱毛し、かさぶたや潰瘍ができますが、**最初は、小さいすり傷のように見えることがあります。**

口腔内にできた場合は、血の混じった粘度のあるよだれを垂らすようになり、痛みのため口を触られるのを嫌がります。鼻腔内にできた場合は、くしゃみが増える、鼻汁や鼻出血が見られるようになります。

 ## 治療方法

なるべく早い段階に外科手術で腫瘍と周囲の組織を切除します。ただし、顔面にできると完全に取り切ることはとても困難で、手術が適応とならないケースもあります

高齢で外科手術に耐えられる体力がない場合は、放射線治療や抗がん剤治療を施すという選択肢もありますが、効果と猫への負担について、よく説明を受けてください。積極的な治療を希望しない場合は、痛み止めや栄養治療といった緩和ケアだけを行うこともあります。治療方針は獣医師と相談のうえ、できるだけ猫が苦しくない選択をしてあげましょう。

 ## 予防方法

白い被毛を持つ猫の場合、紫外線が発症リスクとなることが多いとされています。まずは**室内飼いを徹底させ、紫外線から猫を守ります。**同時に日頃からマッサージやブラッシングを行うことで、皮膚の異常に気づくようにしてください。

:::: シニア期に多い病気 ④ ::::

小さなイボが体のあちこちにできた
肥満細胞腫

　免疫反応に関わる肥満細胞が腫瘍化することで起こるのが、肥満細胞腫です。**病名から肥満が原因で発症するものと思われそうですが、そうではありません。**皮膚にできる皮膚型肥満細胞腫と、内臓にできる内臓型肥満細胞腫があります。

 ## 原因

　ミドルからシニア期の猫に多いとされていますが、はっきりした原因はわかっていません。皮膚型は9歳、内臓型は14歳が発症の中央値といわれています。

 ## 病気のサイン

●皮膚型肥満細胞腫
脱毛を伴う数ミリの硬くて小さいイボ状のできものが1カ所、あるいは数カ所にできます。猫にとって最初は無症状であることがほとんどですが、**なめたり、引っ掻いたりすることもあり**

ます。

●内臓型肥満細胞腫

主に脾臓(ひぞう)に発症します。初期はやや元気がないと感じる程度ですが、進行すると食欲不振、嘔吐、下痢などが起こります。

 ## 治療方法

●皮膚型肥満細胞腫

最も有効なのは外科手術ですが、最近では化学療法も効果があるのではと期待されています。

●内臓型肥満細胞腫

基本的には外科手術で腫瘍を取り除き、脾臓にできた場合は、脾臓を摘出。犬に対しては特定の細胞を攻撃する分子標的薬が使用されるようになり、猫でも効果が期待されています。

 ## 予防方法

肥満細胞腫はまだ原因が特定されていないため、有効な予防方法がないというのが現状です。普段から異変がないかどうか飼い主さんが猫の体をチェックしてあげてください。

:::
シニア期に多い病気 ⑤
:::

注射したところにしこりができた
注射部位肉腫

　病名にもあるように、ワクチン注射などを行った部位を中心に肉腫を発症します。肩甲骨周辺に発症することが多く、**ほとんどが悪性腫瘍で、再発率が高いことでも知られています。**

 ## 原因

　注射を打つ場所なら、どこにでも発症しますが、原因はまだ解明されていません。発症年齢の中央値は11歳で、ミドル期の猫も注意が必要です。

 ## 病気のサイン

　潜伏期間が数週間から10年以上と幅が広いため、引き金になった注射がいつ打たれたものか特定するのは難しいといわれています。そこで、日頃からしこりができていないかチェックしてください。注意すべきしこりは次のようなものです。

1. 注射後1カ月以上経過してもしこりが大きくなり続けている。

2. しこりが直径2cm以上になった。
3. しこりが3カ月以上存在する。

　この3つのうち、1つでも当てはまるようなら、動物病院を受診してください。

 ## 治療方法

　外科手術が基本ですが、再発率が非常に高いので、**腫瘍周辺をかなり広範囲にわたり切除することになります**。その後、必要に応じて化学療法、または放射線療法を行うこともあります。

 ## 予防方法

　あらゆる注射が原因となり得るため、ワクチン接種を避けようと考える飼い主さんもいるかもしれません。でも、**ワクチンを打たないことで、感染症にかかるリスクのほうがはるかに高いため、やはりワクチンは接種すべきです**。病気のサインにいち早く気づくことが一番の予防になりますので、接種後の猫の様子をしっかりチェックしましょう。

シニア期に多い病気 ⑥

嘔吐と下痢が増えた

リンパ腫

　体の中に存在するリンパ球という免疫細胞が腫瘍化することによって発症するのが「リンパ腫」です。リンパ球が集まる場所をリンパ節といい、体のあらゆるところに存在します。どこに腫瘍ができるかで、消化管型、鼻腔内型、縦隔型、多中心型などタイプが分類されます。**高齢の猫に特に多く見られるのは消化管にできる消化管型リンパ腫です。**リンパ腫が大きくなると腸閉塞を引き起こすこともあります。

 原因

　比較的若い年齢でも発症する縦隔型と多中心型リンパ腫は猫白血病ウイルス（詳しくは126ページを参照）の感染が一因であるともいわれていますが、高齢猫では消化管型や鼻腔内型リンパ腫が多くみられます。また、家族の喫煙による副流煙が発症率を高めるという報告もあります。

病気のサイン

　リンパ腫が存在する場所によって、それぞれに症状が異なります。高齢の猫に多いとされる消化管型リンパ腫を発症すると、**嘔吐や下痢といった消化器症状をはじめ、食欲不振、体重減少などが起こります。**

　これらは高齢の猫に多く見られる不調のため、飼い主さんが病気と判断できないこともあるようです。消化管型リンパ腫が、ある程度進行してから発覚することが多いがんといわれるのもそのためです。鼻腔内型リンパ腫ではくしゃみや鼻水が多く出るようになります。

　一方、縦隔型リンパ腫は胸の中に腫瘍ができるため、苦しそうな呼吸をしはじめます。多中心型リンパ腫は初期には無症状ですが、やがて脇の下や内股、膝の裏側などのリンパ節に腫脹（しゅちょう）（腫れ）が見られるようになります。

 ## 治療方法

　腫瘍の状態によっては、外科手術を行うこともありますが、**一般的には抗がん剤などを用いた化学療法を行います。**抗がん剤は、がん細胞の増殖を防ぎ、死滅するよう促す効果がありますが、個体との相性によって効果に差が出ます。種類も多数あ

シニア期に多い病気

りますので、病気の進行具合などと併せ、獣医師と相談しながら治療を進めていきましょう。

 ## 予防方法

飼い主さんの喫煙が発症リスクを高めるという報告があります。 猫は副流煙による受動喫煙だけでなく、毛づくろいをすることで、被毛についた発がん性物質を口から摂取してしまいます。猫がいる場所では吸わないことが必要です。

また、あごの下、脇の下、膝の裏など、触って確認できる場所にあるリンパ節が腫れるタイプのリンパ腫は、触ってわかることもあります。正常な状態をしっかり把握し、異変に気づけるようにしましょう。

column

避妊と去勢

避妊と去勢をどうするか、おそらく猫を飼いはじめた飼い主さんが直面する問題ではないでしょうか。飼い主さんそれぞれの考え方があると思いますが、避妊と去勢することで防げる病気もあることを覚えておきましょう。

メリット

●メス猫

乳腺腫瘍(乳がん)や子宮蓄膿症、卵巣腫瘍などの病気を防ぐことができる
発情期のストレスが軽減される
望まない出産を防ぐことができる(外出する猫は飼い主さんが知らないところで妊娠してしまう可能性がある)

●オス猫

縄張りをめぐるけんかが減る
スプレー行為(尿マーキング)の改善が期待できる

デメリット

手術は全身麻酔をかけるため、麻酔のリスクも念頭におきましょう。

手術時期

メス、オスともに生後3〜6カ月齢とされていますが、7歳を過ぎても健康であれば手術は可能です。手術時期にリミットはありませんが、あまり高齢になるとメリットがなくなりますので、獣医師に相談してください。

シニア期に多い病気 ⑦

食べているのに体重が減っていく
糖尿病

　血糖値を下げる役割を果たすインスリンが不足、または抵抗性が出ると、細胞のエネルギー源である糖分を体内にうまく取り込めなくなった結果、血糖値が異常に高くなり、血液中の糖が尿中に出てくるのが「糖尿病」です。インスリンは膵臓（すいぞう）から分泌されるため、**肥満も危険因子となります。進行すると栄養状態が悪化し、危険な糖尿病性ケトアシドーシスに陥ります。糖尿病が長引くと末梢神経に異常が出たり、抵抗力が弱まり感染症にかかりやすくなったりします。**

 原因

　ひとつには肥満が挙げられます。猫は完全肉食動物で、たんぱく質を主な栄養源にしています。しかしキャットフードは炭水化物の割合が多く、それが肥満につながり糖尿病を引き起こしているのではないかという意見もあります。

病気のサイン

水をたくさん飲むようになり、尿の量も増えます。もし、**普段と変わりなく食べているのに体重が減る**ようなことがあれば、糖尿病が疑われます。進行すれば、嘔吐や下痢の症状が見られるようになり、どんどんやせていきます。

治療方法

主な治療は、**インスリン投与と食餌療法です。**インスリン投与は飼い主さんが自宅で行うこともできます（点滴の方法は146ページを参照）。治療が順調に進めば人間のように腎臓機能が低下することは少なく、その後は穏やかに過ごせます。また、糖尿病用の療法食は各種開発されていますので、獣医師と相談のうえ取り入れていきましょう。

予防方法

肥満が糖尿病の原因でもあることから、**まずは太らせないようにしましょう。**人間のお菓子を猫に食べさせる飼い主さんもいますが、それは確実に太ります。猫が欲しがってもあげないこと。**適度な運動も肥満防止につながります。**

シニア期に多い病気 ⑧

慢性的に嘔吐する

　その名のとおり、膵臓が炎症を起こす病気です。**急性膵炎と慢性膵炎がありますが、猫の場合、圧倒的に慢性膵炎が多いといわれます。**この病気の怖いところは、ほかの病気を併発してしまうこと。併発疾患としては糖尿病をはじめ、肝臓や腸の病気が多く見られます。

 原因

　はっきりとした原因は解明されていませんが、十二指腸炎や胆管炎などによる炎症との併発や感染症などが考えられています。また、高所からの落下などにより腹部に強い打撲を受けたり、深刻なけがを負ったりした際、膵臓に急性の炎症を起こすこともあります。

 病気のサイン

　食欲がなくなり、嘔吐する、また下痢や発熱といった症状が

現れます。腹部が痛むようになり、飼い主さんでもお腹を触られることを嫌がる猫もいます。

 ## 治療方法

残念ながら、慢性膵炎に対しては有効な治療法はありません。そのため、嘔吐が激しい場合は制吐薬を、下痢なら消化酵素の補助や食事の変更、さらに腹部の痛みが激しいようなら鎮痛剤を処方するといったように、**投薬による対症療法を行うことになります。**

慢性膵炎を発症し、食欲がなくなった場合、**注射器を使った食事補助、または栄養カテーテルを鼻や食道、胃に設置し栄養補給を行うこともあります。** また、血管や皮下に水分などを投与する輸液療法を行います。

 ## 予防方法

慢性膵炎はいったん回復しても再発することがありますので、**たとえ回復しても油断せず、体調の変化を見逃さないよう、**引き続き様子を細かくチェックしましょう。

シニア期に多い病気 ⑨

やたらと走り回り攻撃的になった
甲状腺機能亢進症

　基礎代謝を促進する甲状腺ホルモンを分泌する器官が甲状腺です。この甲状腺の動きが活発化し、甲状腺ホルモンが過剰に分泌されると、代謝が異常に上がってしまいます。どんどんエネルギーを消費し、食欲はあるのにやせていきます。肥大型心筋症、頻脈などが起こり、心不全を引き起こすこともあります。

 ## 原因

　さまざまな仮説がありますが特定はされていません。ほとんどの場合、10歳以上の高齢猫が発症します。

 ## 病気のサイン

　よく見られる症状に、**食欲旺盛でたくさん食べるのにやせていく、大量に水を飲み尿の量が増える**ことなどがあります。また、性格に変化が表れることもあります。甘えん坊だったのに、**やたらと興奮し攻撃的になる**など、行動に変化を感じた

ら、病気を疑いましょう。また、爪が伸びやすくなる猫もいます。

 ## 治療方法

　主な治療法は、肥大した甲状腺の切除手術、甲状腺の働きを抑える薬の投与、そして療法食を用いた食餌療法の３つです。この病気は**高齢になってから発症することが多いので、猫の年齢や体力を考慮**したうえで外科手術か投薬治療か、それぞれの治療方法によるメリット、デメリットを考えて決める必要があります。投薬治療は体への負担が少なくて済みますが、一生飲み続けなければなりません。

　ただし、手術で甲状腺をとっても甲状腺ホルモンを補う薬を飲まなければいけない場合もあります。投薬によってかゆみが出たり、まれに血液成分をつくる働きが正常に機能しない骨髄抑制を起こしたりするなどの副作用が出ることもあり、そうなれば、治療方法を変更する必要があります。

 ## 予防方法

　残念ながら原因は特定されず、適切な予防法も見つかっていないというのが現状です。普段から猫の様子をつぶさに観察し、病気のサインが見られたら、すぐに動物病院を受診しましょう。

シニア期に多い病気 ⑩

なんとなくぐったりしている

「心筋」と呼ばれる心臓の筋肉に何らかの異常が起こり、心臓がうまく働かなくなる病気で、**猫の心臓病の中では最も多いといわれています**。心臓に血栓ができることもあり、それが動脈に流れ出すと末端で詰まってしまいます。血栓が詰まりやすいのが後ろ脚で、**突然歩けなくなったり、麻痺を生じたりすることもあります。**

 原因

心筋症には、肥大型、拡張型、拘束型という3つのタイプがあります。拡張型心筋症はタウリン不足が原因のひとつと考えられています。最近では、フードにタウリンが添加されるようになり、拡張型心筋症は少なくなりました。しかし、肥大型心筋症、拘束型心筋症に関しては、まだ原因が解明されていません。過度に骨格が大きい猫に発症例が多く、また遺伝的な要因が関与しているという報告があります。

病気のサイン

　なんとなく元気がない、食欲が落ちているという変化は見られますが、初期段階では特に目立った症状はありません。ただし、**進行すると心臓の機能が落ちてきますので、体を動かすとハアハアと苦しそうに息をするようになり、やがてぐったりとうずくまる**ようになります。

治療方法

　拡張型心筋症はタウリンの補充である程度の改善は見られますが、それ以外の心筋症を完治させる治療法は残念ながら、まだ見つかってはいません。**心機能を補う薬、血栓ができるのを防ぐ薬の投与などを行うことで症状を和らげ、血栓を予防していきます。**

予防方法

　原因がはっきりわかっていないため、有効な予防法も見つかっていません。早期発見・早期治療が一番の予防法ですので、**元気がない、おもちゃに反応しなくなった、呼吸が苦しそうといった症状が見られたら、すぐに動物病院を受診しましょう。**

口臭がきつくなった

歯周病

　シニア期に入ると、口腔内の病気が増えていきます。加齢とともに蓄積した歯垢が歯石化したことが原因で歯周ポケットに細菌が繁殖、炎症を起こすのが歯周病です。**症状が進めば歯肉が退縮して歯の根元が露出し、さらに進行すると歯が抜け落ちてしまうこともあります。**

 原因

　野生時代の猫は獲物の皮やすじ肉を噛み切ることで歯を磨いていました。しかし、ペットとして飼われていれば噛みやすいサイズのドライフードややわらかいウエットフードだけを食べることになりますので、歯垢がたまりやすくなっていきます。また、寿命が延びたことや若年性の歯肉炎の増加も原因と考えられています。

病気のサイン

　これまでは感じられなかった**強い口臭が感じられます。**猫がなめた場所や、毛づくろいした部位からにおうようになったら要注意です。また、いつもよだれで口のまわりや前肢の先が濡れている、食欲が落ちた、口のまわりを触られるのを嫌がるようになった。こうした症状が現れたら、歯周病が疑われます。

 ## 治療方法

　まずは**歯石を除去し、腫れや炎症などが激しい場合は一時的に抗生剤を使って細菌を抑えることもあります。**症状が進行し、歯がぐらついていたり、歯の根元が露出したりしているような状態であれば、抜歯が必要になります。

 ## 予防方法

　歯磨きで歯石や歯垢がたまらないようにすることが何よりの予防です。**できれば1日1回、少なくとも3日に1回は磨くようにしましょう**（詳しくは76ページを参照）。最近では、歯磨き効果のあるおやつも市販されていますので、猫が歯磨きを嫌がる場合は試してみてもいいでしょう。

[シニア期に多い病気 ⑫]

歩くときにつかない脚がある
関節炎

骨と骨の結合部分である関節に慢性的な痛みをもたらす病気が関節炎です。命に関わることはありませんが、気づかないまま悪化させることも多く、重症化すれば関節の機能障害を引き起こすこともあります。

 原因

関節炎の原因として、まず軟骨の減少が挙げられます。クッションの役目を果たしていた軟骨がすり減ったり、表面のなめらかさが失われたりすると、関節に余分な力が加わり、炎症を起こします。軟骨は加齢により減少することから、関節炎は高齢猫に多く見られます。また、太ればそれだけ軟骨への負担が大きくなりリスクが高まります。

 病気のサイン

痛みが出れば、当然、動きに変化が表れます。高いところに

上がらない、あまり走らなくなった、歩くときにつかない脚がある、じっとしているといった様子が見られたら関節炎を疑いましょう。まれに痛みのせいで神経過敏になり、攻撃的になる猫もいるようです。

 ## 治療方法

　一度減った軟骨は再生することはできませんので、**痛みや炎症を抑える鎮痛剤を投与し、動きの改善を目指します**。軟骨の役割を補う成分、コンドロイチンやグルコサミン、ヒアルロン酸といった猫用サプリメントの投与を行うこともあります。痛みさえ抑えられれば、また以前のように動けるようになります。もし、**肥満が原因の場合は、食餌療法による体重管理を行います**。

 ## 予防方法

　肥満予防の意味も込めて、運動はとても大事ですが、激しくジャンプしたりすると関節に負担をかけてしまいます。**一緒に遊ぶ際は、衝撃を吸収するやわらかいマットの上で行いましょう**。肥満気味の猫の場合は、獣医師と相談のうえ、ダイエットフードを取り入れるなどして体重管理を行ってください。

泌尿器科系の病気 ①

トイレに行ってもおしっこが出ない
尿路結石

　尿路とは、腎臓、尿管、膀胱、尿道の総称で、このどこかに結石ができる病気が「尿路結石」です。**特にオス猫は尿道が細く、Ｓ字に曲がっているため結石が詰まりやすいといわれます。**詰まった結石が膀胱の粘膜を傷つけてしまい、膀胱炎となることもあります。

　何度もトイレに行くのに少量の尿しか出ない、排尿時に顔をゆがめてつらそうにしている、尿に血が混じっているなど、**排尿に変化が見られたら要注意です。**

　治療のメインは食餌療法ですが、結石の大きさ、状況などによって投薬や外科手術を行うことになります。尿道に結石が詰まっている場合は、カテーテルを挿入し、結石を膀胱に一時的に戻し、尿の通り道を確保します。

　結石を防ぐためには、**療法食を食べさせたうえで、**尿を濃くしないため、猫が普段から**水をたくさん飲めるような環境づくりを心がけましょう。**

泌尿器科系の病気 ②

排尿時につらそうにしている

細菌の感染が原因で、**膀胱に炎症が起こる病気です**。また、高齢で慢性腎臓病、糖尿病を患っている猫は発症頻度が高くなるというデータもあります。

排尿時に尿路結石同様の変化が起こり、**尿のにおいがいつもと違うといった症状が見られたら膀胱炎を疑います。**

細菌性膀胱炎は命に関わる病気ではありませんが、排尿痛があるのは猫にとってはつらいことです。できるだけ早めに治療してあげましょう。治療では、検出された細菌に適した抗生物質を投与し、炎症を抑えることを目指します。

膀胱炎は再発しやすい病気のため、きちんと完治させなければいけません。長時間トイレを我慢すると、膀胱内で細菌が繁殖しやすくなります。猫がトイレを我慢しなくて済むよう、トイレはこまめに掃除し、いつも清潔に保ちましょう。また、トイレの大きさは猫の体に合っているか、うるさくない場所に設置されているかなど、トイレ環境にも気を配ってください。

泌尿器科系の病気 ③

引っ越し後、尿に血が混じるようになった

特発性膀胱炎

　膀胱炎の三大疾病は「尿路結石」「細菌性膀胱炎」「特発性膀胱炎」ですが、実は**最も発症率が高いのが、この特発性膀胱炎です**。主な症状は尿路結石や細菌性膀胱炎と変わりませんが、この病気は文字どおり特発性で原因ははっきりしていません。強いストレスも発症理由のひとつと考えられています。

　主なストレス要因としては、過剰な多頭飼いをはじめ、来客や工事などによる騒音、入院や引っ越し、ペットホテルの滞在といった環境の変化などが挙げられます。

　猫は自分のテリトリーを乱されるのを何より嫌います。もし特発性膀胱炎と診断されたら、移動を避け、飼い主さん以外の人との接触を避けるなど、できるだけストレスをかけないよう注意してください。治療では、痛みを抑えるための鎮痛剤の投与と食餌療法を行います。 ほかの泌尿器科系疾患同様、**トイレ環境を整え、いつでも水を飲めるような工夫をすることも必要です**。ドライフードをウエットタイプに替えるのも効果的です。

猫のストレス障害①
異常に体をなめる

猫は体を清潔に保つため、また、気持ちを落ち着けるため習慣的に体をなめて毛づくろいをします。ただし、一心不乱になめ続けるなど、明らかにいつもと様子が違う場合は、何らかの異常があるのかもしれません。

●イライラしている
あまりにもストレスが大きすぎると、猫はなめることをやめず、場合によっては毛が抜けてしまうこともあります。

●体がかゆい
かゆみを感じると、前足や後ろ足を使い掻きますが、なめる場合もあります。かゆみの原因はいくつか挙げられます。

○ノミ・ダニが寄生している
○細菌・カビに感染している
○アレルギー性の皮膚炎を起こしている

イライラしているのか、あるいは体がかゆいのか、飼い主さんが見分けるのは難しいと思いますので、こうした行動が見られたら動物病院に相談しましょう。その際、次の3点を把握しておきます。

1. なめる場所
2. なめる時間
3. なめはじめた時期

> 常に気をつけたい病気 ①

吐きそうなのに吐けない
毛球症

　猫は1日に何度も毛づくろいをしますが、その際に飲み込んだ毛が塊（毛球）になり胃や腸などの消化管にたまる病気を「毛球症」といいます。**放置すれば、毛球が巨大化してしまい、開腹手術をして取り出さなくてはいけないこともあります。**

 ### 原因

　毛づくろいで飲み込んだ毛はほとんどの場合、毛球をつくることなく、自力で吐き出すか、便として排泄されます。ところが長毛の猫であったり、毛づくろいの頻度が高くなったりすれば排出しきれない毛が胃の中で次第に大きくなっていきます。ある程度大きくなって腸に詰まると手術が必要になります。

 ### 病気のサイン

　初期は目立った症状はありませんが、次第に何度も吐くそぶりを見せるようになります。**そのほか、食欲低下、元気消失など**

が起こり、完全に詰まった場合は1日に複数回嘔吐します。

 ## 治療方法

 軽度の場合は毛球除去剤を投与します。これはペースト状の薬でフードに混ぜて猫に舐めさせます。体内の毛球をからめとることで便と一緒に排出させる効果があります。ごくまれに毛球が消化管に詰まってしまうなど重篤な症状が見られます。その場合は開腹手術を行うこともあります。

 ## 予防方法

 飼い主さんが日頃からこまめにブラッシングを行ってください。**特に長毛種の猫はブラッシングと並行し、食物繊維が豊富に含まれた毛球症対策用フードを取り入れるのもいいでしょう。**また、猫が毛づくろいをするのはストレス解消の意味もあります。もし、心因性脱毛を起こすほど毛づくろいをしている場合は、ストレスの原因を取り除く必要もあります（詳しくは117ページを参照）。

:::: 常に気をつけたい病気 ② ::::

ネバつきのあるよだれが出る
ウイルス性口内炎

歯茎や舌など口の中の粘膜に炎症ができる口内炎は**激しい痛みを伴うため、食事がとれなくなり、やせてしまいます。**この病気はウイルス感染とも大きく関係があります。

 ## 原因

口内炎や舌炎など、口腔内の潰瘍を引き起こす病気に猫カリシウイルス感染症があります。猫風邪とも呼ばれるもののひとつで、感染猫の鼻水やよだれなどにウイルスが存在し、くしゃみで飛沫感染することもあります。

 ## 病気のサイン

口臭が強くなり、**粘液性の強い、あるいは血の混じったよだれが出るようになります。**口の周辺はいつも汚れ、痛みのため毛づくろいもしなくなりますので、全体的に汚れた印象になっていきます。当然、**口の辺りを触ろうとすると激しく抵抗し、**

場合によっては唸り声をあげて怒ることもあります。

 ## 治療方法

　猫カリシウイルスは感染しても１〜２週間で自然に終息する感染症ですが、子猫の場合は口が痛くて食欲が落ちてしまうことがあるので、気をつけなければいけません。**インターフェロンという免疫力を高める薬が猫カリシウイルスに対する認可を受けていて、これを投与すれば回復までの期間を早めることができます。**もし猫が水分をとらない場合は状態が悪化しないよう、点滴をするなどの対処をします。

 ## 予防方法

　猫カリシウイルス感染症は**ワクチン接種をすれば、かなりの確率で予防できますし、発症しても重症化せずに済みます。**猫カリシウイルスは３種ワクチンにも５種ワクチンにも必ず入っている感染症です。**感染すると口内炎以外に、結膜炎や鼻汁などの風邪症状、また関節炎を起こすことがあるので、必ず**ワクチンは接種しましょう。

常に気をつけたい病気 ③

床や家具にお尻をこすりつける
肛門嚢炎

　肛門嚢は肛門の左右にあり、「肛門腺」と呼ばれるにおいの強い分泌物が存在しています。猫はこの分泌物を出すことで縄張りを示したり、ほかの猫とコミュニケーションをとったりしています。

　分泌物がたまると肛門周辺がむずがゆくなるようで、床や家具などにお尻をこすりつける仕草を見せるようになります。また、しっぽのつけ根やお尻をしきりになめたり、噛んだりすることもあります。

　中〜高齢になると、分泌物がたまりやすくなり、詰まってしまうと、肛門嚢が破裂することもありますので、猫がむずがゆそうにしていたら動物病院を受診しましょう。分泌物を絞り出してもらえば、すぐに回復します。コツを覚えれば飼い主さんでもできますので、猫が若いうちから覚えておくといいでしょう。

常に気をつけたい病気 ④

しきりに耳を掻いている
外耳炎

耳の外側から鼓膜までの間の皮膚に炎症が起こる病気を「外耳炎」といいます。細菌感染、耳ダニなどの寄生虫の繁殖、アトピーやアレルギーによる過敏症など、発症する原因はさまざまです。

耳あかの量が増えた、耳がかゆそうにしていると感じたら要注意です。頭を振ったり耳を床にこすりつけたりすることもありますし、耳が赤く腫れることもあります。

炎症による**汚れがひどい場合は耳道内の清浄をしたのち、治療を行います**。細菌が原因の場合には抗生剤を、耳ダニなど寄生虫がいる場合は駆虫剤を投与し、かゆみや炎症がひどい場合にはステロイド剤を使用することもあります。

外耳炎は繰り返すことが多いので、**梅雨時など、湿気の多い季節はこまめに観察するようにしましょう**。アメリカンカールのように耳道が狭い猫は外耳炎を発症しやすいので、特に注意してあげてください。

:::: 発症すれば完治が難しい感染症 ① ::::

猫伝染性腹膜炎

　ウイルス性疾患のひとつで、**ほとんどの場合、軽い腸炎を起こす程度ですが、突然変異を起こし、猫の体内で「猫伝染性腹膜炎」を発症するウイルスに変化します。**その確率は感染猫のうち、ほんのわずかといわれていますが、発症してしまうと有効な治療法がなく、ほとんどの場合、命を落としてしまいます。

 ### 原因

　猫伝染性腹膜炎ウイルス（コロナウイルス）の感染が原因で発症します。感染した猫の便中にはウイルスが存在しますので、同居猫が感染した場合は注意が必要です。主な病気型はウエットタイプ（滲出型）、ドライタイプ（非滲出型）のふたつがあります。

 ### 病気のサイン

　ウエットタイプ、ドライタイプともに食欲不振、体重減少、発熱、元気消失などの症状が現れます。それに加え、タイプに

よってそれぞれ違う症状が見られます。

　ウエットタイプは腹水や胸水がたまるため、**お腹まわりが膨らんだり、呼吸が苦しく**なったりします。一方、ドライタイプは中枢神経に炎症を起こすことがあるため、麻痺やけいれんといった神経症状が現れます。

 ## 治療方法

　残念ながら治療法はまだ見つかっていないため、**症状を和らげる治療薬を用いて、生活の質の向上を目指すことになります**。完治したという声もありますが、猫伝染性腹膜炎は診断が非常に難しい病気のため、よく似た症状の病気を猫伝染性腹膜炎と診断してしまった可能性も考えられます。獣医師にとっても慎重に経過を診るべき病気なのです。

 ## 予防方法

　コロナウイルスはワクチンが存在しないので、感染を避けるためには室内飼いを徹底することが必要です。もし、同居猫がコロナウイルスに感染した場合、完全に隔離しないと、高い確率で感染してしまいます。

発症すれば完治が難しい感染症 ②

猫白血病ウイルス感染症

　猫白血病ウイルス（FeLV）に感染することで発症する、ウイルス性疾患のひとつです。感染しても症状が現れず体内に潜伏したままの場合もありますが、**何かのきっかけで発症すると免疫不全や貧血、リンパ腫などを引き起こしてしまいます。**根治のための治療法が見つかっていないため、持続感染している猫は長生きすることもありますが、平均寿命は3年ほどといわれています。

 原因

　発症の原因は猫同士の感染です。主に感染した猫の唾液が、口や鼻から入ることで感染します。また、感染した猫が妊娠した場合、母猫から子猫へも胎盤や乳汁を介して感染することがあります。これを「母子感染」といいます。さらに、母猫が子猫をグルーミングした際に唾液から感染することもあります。

病気のサイン

　食欲がない、呼吸が荒い、発熱している、貧血症状がある、ぐったりしているなどが主な症状です。また、**感染症を起こしやすくなるため、口内炎や皮膚炎、鼻炎、下痢といった症状も現れます。**

治療方法

　猫伝染性腹膜炎と同じように、**一度発症してしまうと根治するための治療法がないのが現状です。**そのため、苦痛を和らげながら対症療法を行うことになります。貧血がひどい場合は輸血が施されることもありますが、根本的な治療ではないので、獣医師からしっかり説明を受けてください。

予防方法

　猫白血病ウイルス感染症はワクチン接種をすれば、高い確率で防ぐことも可能です。ただし、ワクチンには副作用もありますので、本当に必要なのかどうか、接種に関しては獣医師に相談してください。同時に感染猫との接触を防ぎ、**感染させないことも必要**です。多頭飼いの場合は、特に注意してください。

:::
発症すれば完治が難しい感染症 ③
:::

猫後天性免疫不全症候群（猫エイズ）

　猫免疫不全ウイルス（ＦＩＶ）に感染することで発症する、いわゆる「猫エイズ」と呼ばれる病気です。**ＦＩＶは猫の免疫システムを機能不全にする性質を持ち、発症すれば死に至ることがあります。**ただし、ＦＩＶに感染した猫が必ずしも猫エイズを発症するわけではありません。**健康な猫ならウイルスの活動を抑え込み、免疫機能を保持しながら長生きすることも可能です。**ＦＩＶは感染後、次の５つの病期に分類されます。

1. 急性期
　ウイルスが猫の免疫と闘い、風邪をひいたときのような症状が現れる。

2. 無症状キャリア期
　急性期で見られた症状は消えるが、ウイルスはリンパ球の中に潜み、次第に免疫力を奪っていく。この無症状キャリア期

は数カ月から数年と長期にわたり、なかには症状が出ないまま一生を終える猫もいる。

3. 持続性全身性リンパ節腫大期

ウイルスが再び動き出し、免疫細胞が活発になる。免疫細胞が固まって存在している全身のリンパ節が腫れるなどの症状が見られる。

4. エイズ関連症候群期

免疫力が著しく低下していくため、多くの病気を発症、悪化していく。発熱や軽度の貧血、体重減少なども見られる。

5. 免疫不全期

免疫不全に陥り、免疫機能が完全に失われる。肺炎や感染症を発症し、最終的には命を落とす。

 ## 原因

ＦＩＶに感染することが原因ですが、このウイルスは感染力が弱く、猫同士がなめ合うなどの、通常の接触では感染しないといわれています。猫白血病ウイルス感染症のような母子感染もまれです。主な感染経路は咬傷(こうしょう)です。けんかなどで、感染猫に噛まれると唾液に含まれるウイルスが傷口から感染することがあります。ただし、猫のウイルスが人間に感染することも、その逆もありません。

発症すれば完治が難しい感染症

病気のサイン

初期は特徴的な症状はありません。もし、**食欲不振や発熱、口内炎**などの症状が長引く場合は動物病院を受診しましょう。

治療方法

残念ながら猫エイズに対する根本的な治療はまだ見つかっていません。口内炎には痛み止めを処方するなど、そのときどきで現れている症状をやわらげるための対症療法を行います。

予防方法

猫エイズは一度発症してしまうと、治すことはできません。免疫力の低下が発症につながることがありますので、飼い主さんは**できるだけ清潔で快適な環境を維持**してあげてください。ワクチンも存在しますが効果が限定的なため、獣医師に相談してみましょう。

column

猫のストレス障害②
布を食べる

猫が布をかじり、食べてしまうことがあります。特にウールを好む猫が多いことから「ウールサッキング」と呼ばれています。ウール以外にも、綿、麻、段ボールなどを口にする猫もいて、飼い主さんにとっては、少々困ったものです。

●かまってほしい

離乳前に母猫から離された猫に多いといわれています。母猫に甘えたい気持ちが過剰に働き、ウールサッキングを起こすとも考えられているので、できるだけ遊んであげましょう。猫が寂しさを感じないよう、短い遊びを頻繁に行うこともおすすめです。

●環境に不満がある

原因をつきとめるのは難しいですが、トイレの汚れ、飼い主さんの長時間の不在、部屋の模様替えなど、いつもと変わったことがないかを確認し、改善するようにしましょう。
ただし、治療は難しいことが多く、猫のそばにかじってほしくない布や衣類を置かないようにすることが唯一の予防方法になります。

信頼できる
動物病院の見つけ方

　動物病院は猫が病気になったときはもちろん、定期的な健康診断やワクチン接種など、いろいろな場面でお世話になる頼りになる存在。**特に猫が高齢になれば、動物病院を訪れる機会は増えていきます。**

　「家が近い」「HP の口コミがいい」「病院が大きい」など、決め手はそれぞれだと思いますが、大事な猫の主治医になってもらうのですから、妥協せずに選びたいものです。猫にも飼い主さんにもやさしい動物病院とはどんなところでしょうか。

●**病院が清潔**

特に猫たちが**入院するケージが清潔に保たれているかどうか**は大事なポイントです。

●**猫への配慮がなされている**

猫はほかの動物と一緒の環境では緊張してしまいます。**猫用の診療室や待合室がある**など、猫のストレス軽減を優先して探すのもいいでしょう。

●**猫の治療に詳しい**

猫が好きで豊富な知識を持っている獣医師さんなら安心です。

最近では猫専門の動物病院も増えてきましたので、HPなどをチェックしてみましょう。

●飼い主さんの質問に丁寧に答えてくれる

飼い主さんが心配のあまり、あれこれ聞いてしまっても、面倒がらず、わかりやすい言葉で丁寧に説明してくれる獣医師さんなら安心ですね。

●事前に治療費を提示してくれる

治療費が一体いくらかかるのかは気になるところ。あらかじめ説明してもらえれば、飼い主さんも心づもりができます。

●セカンドオピニオンに応えてくれる

人間同様、猫に対しても違う獣医師の意見を聞いてみたいと考える飼い主さんはいるでしょう。セカンドオピニオンを申し出た際に快く応えてくれる病院は信頼できます。

●夜間診療がある

猫も突然具合が悪くなることがあります。病院に時間外診療、あるいは夜間の緊急連絡先があれば安心です。

通院のストレスを少なくする

猫は環境の変化に弱い動物です。しかも、行き先の動物病院は猫にとってあまり嬉しくない場所。せめて通院時のストレスだけでも軽減してあげたいですね。

移動は静かに迅速に

猫の聴覚はとても優れていますので、混雑した電車や街の騒音に強いストレスを感じてしまいます。電車での移動は、できるだけラッシュ時間を避け、徒歩の場合は、交通量の多い道や賑やかな繁華街を通らないようにしましょう。車が嫌いな猫もいますので、車移動の場合はできるだけ車内にいる時間が短くて済むよう、渋滞の時間を避けて移動します。

待ち時間を減らす

　たとえキャリーの中が快適でも、見知らぬ待合室で長時間待たされるのはつらいもの。同じ場所で犬が吠えていたりしたら、なおさらです。予約が可能な病院なら、しっかり予約を入れて待ち時間を減らしてあげましょう。

キャリーケースに慣れさせる

　通院の際に猫を入れていくキャリーケースは、その中にお気に入りの毛布やタオルを敷くなどして、猫がくつろげる場所にしておきます。間違っても、嫌がる猫を無理やりキャリーケースに押し込んではいけません。その先の動物病院の怖い経験が記憶され、「キャリーケース＝怖いところ」とインプットされてしまい、悪循環です。

　素材はプラスッチク製のものが使いやすく、横側と上部、両方開くタイプのものなら診察台の上で猫を楽に出すことができます。また、診察台の上で暴れてしまうようなら、あらかじめ洗濯ネットに入れてからキャリーケースに入れるという方法もあります。

シニア期だからこそ必要
年に1度は健康診断を!

　シニア期を迎えたら、特に気になる症状がなくても年に1度は健康診断を受けると安心です。元気そうに見えても、思いがけない病気が潜んでいることもあります。健康診断の項目は病院によって違いがありますが、身体検査、血液検査、尿・便検査などが行われることが多いようです。また、必要に応じてワクチン接種を行います。

身体検査

　まず、体重測定を行い、やせすぎや肥満の可能性をチェック。目や耳、口、毛並み、肛門まわり、リンパ節などを触診して異常がないかを確かめます。また聴診器を使って、心音や肺音、脈拍をチェックします。

血液検査

　血液検査では採血した血液中の赤血球、白血球、血小板などの数値を測定。さらに、血液中の肝臓や腎臓の機能を示す項目を測定します。正常値と検査結果を比較することで、病気の危険性をあぶり出すことができます。

尿・便検査

尿検査によって、膀胱炎や腎臓病など泌尿器科系の病気を発見できることがあります。便検査では、寄生虫などをチェックします。

ワクチン接種

ワクチンは子猫が打つものと思われがちですが、そうではありません。ワクチン接種以外、有効な治療がない感染症もありますので、シニア期を迎えても猫の状況に合わせて打つようにしましょう。外出が自由な猫はなおさらです。ただし、ワクチン接種には副作用もありますので、獣医師と相談のうえ行うようにしてください。

問診

猫の健康状態について獣医師から質問されます。食事や排泄の様子をはじめ、気になることがあればメモしておくなどして、普段の猫の様子をもらさず伝えられるようにしておきます。

 column

ペット保険は必要？

ペットの医療には人間のような公的保険は存在しません。医療費はすべて全額負担の自由診療で、金額は動物病院によってまちまちです。

医療費の負担を軽減してくれるのが、ペット保険です。補償の割合は保険会社や商品によって違ってきますので、猫の年齢や支払額などを考慮し、ピッタリの保険を選びましょう。

Point 1　猫の年齢

保険会社によって加入できる年齢の上限は異なります。多くの会社が10歳前後（2019年8月現在）ですが、中には16歳を過ぎても可能な保険もあります。

Point 2　補償内容

大きなけがや手術を想定しがちですが、病気によっては通院の負担が大きくのしかかることもあります。通院補償がついているかどうかも大事なポイントです。

Point 3　補償範囲

腎臓病、尿路結石など猫がかかりやすい病気がきちんとカバーされているかなど、確認しましょう。

Point 4　待機期間

保険契約の開始から一定期間、保険金が支払われない期間があります。保険会社によって日数が異なりますので、確認が必要です。

Point 5　付帯サービス

腸内フローラ測定やマイクロチップ装着割引などのオプションがついている商品もあります。また相談ダイヤルなどが利用できるサービスがあれば、より安心です。

第4章

老齢猫の治療と介護

老齢猫介護の心構え

猫の寿命は年々延びつづけ、最近では20歳を超える長生きの猫も珍しくなくなりました。しかし、11ページの表にもあるように、猫は15歳から「老年期」と定義され、体力や免疫力が落ちることから、病気にかかる確率も高くなります。なかには慢性腎臓病やがんなど完治が難しい病気に襲われることもあるでしょう。

悲しいことですが、治る見込みがないと診断されれば、看取りケアも視野に入れなければなりません。たとえ治療困難な病気を抱えても、緩和ケアで苦痛を取り除くと同時に、生活環境の見直し、食事や排泄の介助、さらに自宅での投薬と、少しでも猫が穏やかに暮らせるよう飼い主さんができることはたくさんあります。獣医師と相談しながら、猫のQOL（クオリティ・オブ・ライフ＝生活の質）を考えていきましょう。

01

生活環境の見直し

　老年期に入った猫の生活で気をつけたいのが、高いところからの転落事故です。そこで、キャットタワーは取り外す、あるいは低いものに替える、階段があればその前にフェンスを設置し通れないようにするなどして、**部屋の中から転落の危険を排除します。**ソファや窓辺など、やや高いところが猫にとってのお気に入りの場所であれば、階段状の段差を設けましょう。市販の猫用スロープを使う方法もあります。また、足を引っかける危険のあるコード類は片づけておきます（部屋づくりについては62ページを参照）。

　1日の大半を寝て過ごすことになりますので、**居心地のいい寝床をつくってあげましょう。**ベッドには猫のにおいのついたやわらかい毛布やタオルなどを敷きます。飼い主さんのそばが大好きな猫なら、Tシャツやフリース素材の服など飼い主さんのにおいのついた古着を敷いてあげると安心するかもしれません。ベッドは、いつも猫がくつろいでいる、お気に入りの場所に置くようにします。ただし、窓辺は日差しが強すぎたり、夕方には冷え込んだりすることがあるので、注意が必要です。

栄養補給は食事から

　老齢猫に限らず、病気になれば食欲が落ちていきます。特に老齢猫の場合には、食欲の減退は体力や免疫力の低下につながり、病気に対する抵抗力をなくしてしまいます。食べ方を工夫し、**できるだけ口から栄養をとるようにしてください。**

においで食欲を刺激する

　ウエットフード、あるいはドライフードをお湯でふやかしたものをお皿ごと口もとに近づけてあげると、においを感じて食べることがあります。それでも食べない場合は、手のひらやスプーンにのせて食べさせてあげましょう。

シリンジで食べさせる

　流動食を食べさせる場合は、スポイト状のシリンジにフードを入れて、ゆっくり口の中に流し込んであげます。ただし、**猫の体力が落ちているときは、慎重に行う必要がありますので、必ず獣医師の指導に従い行ってください。**

●準備

シリンジにフードを入れる。

●シリンジの持ち方

慣れないと親指のコントロールが難しく、中身が一気に出てしまう恐れがある。

握り方が安定し、出す量を調整しやすい。

1. 上あごに向けてシリンジを入れ、舌の上にフードを注入できるようにします。

2. 数滴ずつゆっくりフードを入れます。猫がペチャペチャとなめるのを確認したら、次の数滴を入れます。一気に入れるとむせたり吐いたりするので気をつけてください。

03

トイレを介助する

 たとえ足腰の筋力が衰えても、猫は自力で排泄したがります。飼い主さんがサポートし、できるだけ猫の意思を尊重してあげましょう。

ペットシーツでトイレをつくる

 足腰が弱りトイレの縁をまたげなくなったら、**ペットシーツの上にいつも使っている猫砂を敷いたトイレをつくります**。猫のにおいがついた砂を置けば、猫はそこがトイレだと認識してくれますし、寝床のそばにあれば、いつでも行くことができます。

トイレサインを読み取る

 もし足元がおぼつかなくなっていたら、抱っこしてトイレに連れていってあげます。トイレが近くなるとそわそわするなど、普段から猫の様子を観察し、トイレのタイミングを把握しておきましょう。

腰を支えて介助

　トイレでは、猫が自力で排泄できるようそっと腰を支えてあげます。排泄後は、市販されているお尻拭きシートなどでお尻まわりをきれいに拭き取り、細菌の繁殖を防ぎます。

マッサージで排泄を促す

　高齢になると排便の際にうまく力めず、便秘がちになります。**３日以上便が出ない場合は、指の腹でお腹に「の」の字を描くイメージでやさしくマッサージしてあげましょう。**ただし、３日以上の便秘には病気が隠れている可能性もありますので、マッサージしても出ない場合は、獣医師に相談してください。

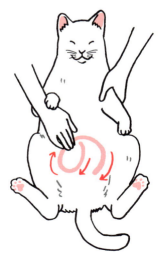

皮下点滴をマスターする

　猫への投薬は飼い主さんの大事な自宅ケアのひとつ。なかでも苦労するのが、皮下点滴だと思います。慣れないうちは苦労するかもしれませんが、猫の様子を見ながら、慌てず落ち着いて行ってください。

自宅で皮下点滴を行う

　高齢猫に多い慢性腎臓病の治療では、「皮下点滴」を行います。**腎機能が低下すると、薄い尿を大量に排泄し、脱水状態になってしまう**ため、点滴でそれを補うわけです。ただし、継続的に行わなければならず、その都度、通院するのは猫にとって大きなストレスになってしまいます。

　猫の背中をつまむようにすると、皮と筋肉の間にすき間ができるのがわかります。皮下点滴はそのすき間に針を打ち、輸液を注入します。動物病院で指導を受けながら何度か練習すれば、飼い主さんもできるようになりますので、猫のストレスを減らすためにも自宅で行えるようにしましょう。

1. 猫を保定

猫は指先を触られるのを嫌がるので、保定する際は肩甲骨辺りを上から押さえる。どうしても猫が暴れてしまうようならキャリーケースに入れて体を固定する。

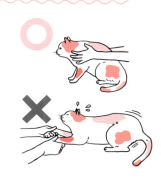

2. 点滴の準備

輸液は大きめのシリンジか、チューブのついた輸液パックに入っている。輸液が冷たいままだと猫が驚くので、人肌に温めておく。

3. 注射針を刺す場所を決める

肩甲骨辺りの皮膚を親指と人差し指でつまむようにして持ち上げる。皮膚が伸びたところが針を打つ場所になる。

4. 針を刺す

針を皮膚に対して垂直に根元まで差し込んだら、ゆっくりと輸液を注入。

5. 終了後、針を抜く

針を抜いたら、針が刺さっていた場所をしばらくつまみ、輸液をいき渡らせる。 もし手伝ってくれる人がいるなら、保定する人、点滴を打つ人の2人で行うのが理想的。

 皮下点滴を行う際は、必ずかかりつけ医の指導を受けたうえで、点滴の量、回数などを守ってください。

薬を飲ませる方法

　猫に薬を飲ませるのは至難の業(わざ)です。大暴れして引っ掻かれた、という飼い主さんもいるのではないでしょうか。スムーズに飲ませるにはちょっとしたコツがありますので、ここで覚えておきましょう。

【液剤の場合】

1. 頭を固定し、犬歯の後ろにシリンジを差し込む。少しずつ液剤を押し出す（シリンジの持ち方は143ページを参照）。

2. 流し込んだら、しばらく顔を上に向けたままにして、飲み込んだことを確認する。

【錠剤の場合】

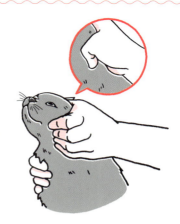

1. 利き手と反対の手で猫の頬骨を押さえ、頭を上に向かせる。

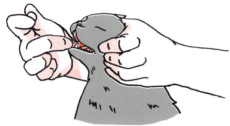

2. 利き手の親指と人差し指で薬を持ち、猫の前歯に中指をかけて口を開けさせる。

3. 舌のつけ根を狙って薬を落とし、口を閉じる。ノドをさすって薬を飲み込ませる。

点眼薬をさす

　結膜炎をはじめ、猫も目のトラブルに襲われることがあります。猫に目薬をさすのは緊張するものですが、それは点眼される猫も同じこと。できるだけ素早く、確実に行うようにしてください。

●準備
目薬のフタはあらかじめ取っておく。もし猫が嫌がって暴れるようなら体をバスタオルなどで包む。

1. 猫の額を上に向け、点眼薬を持つ手の小指でまぶたを上に引き、目を開けさせ、後ろから点眼する。

2. 点眼したら目を閉じさせ、目の周囲をやさしくマッサージする。

 容器の先端がまぶたや眼球につかないよう気をつけます。

猫にも認知症がある!?

最近の研究では、猫にも認知症に似た症状が現れることが報告されているようです。

猫は16歳前後で認知機能が低下しはじめることが多く、何らかの行動変化が表れるといわれています。ただ、猫の平均寿命が16歳前後で、病気で命を落とす場合が多いことを考えると、行動変化が病気によるものなのか、認知機能障害によるものなのかは判断が難しい場合もあります。

認知症が疑われる症状には次のようなものがあります。

- 何度も食事を要求する
- 急に攻撃的になる
- 同じ場所をぐるぐる回ったり、ふらついたりする
- 大声で鳴き続ける
- トイレを失敗する
- 1日のほとんどを寝ている
- 同じ部分を執拗(しつよう)になめ続ける

こうした変化の陰には病気が隠れていることもありますので、自己判断せず、まずは動物病院で検査を受けてください。もし、認知機能の低下が原因と診断されたら、獣医師と相談のうえ、ケアの方法、生活環境の見直しなど、猫のQOLをキープする方法を探していきましょう。

終末期の治療で考えること

　猫は病気を抱えて終末期を迎えることが多く、**慢性腎臓病やがんなどの重い病気で亡くなることも少なくありません**。完治の可能性が低い病気を患ってしまった場合、猫にどのような治療を受けさせるのかは飼い主さんの考え方によって違ってくると思います。

　選択の結果に正解も間違いもありません。**一番大切なのは、飼い主さんが後悔しないこと**。猫にとっても飼い主さんにとってもベストな選択ができるよう、終末期を迎える前に治療についてあらかじめ考えておくことは必要です。

病気について

　治る見込みの少ない病気を宣告されたら、進行を遅らせる方法はあるのか、この先どのような症状が見られるのか、自宅では何ができるのかなど、気になることは獣医師に確認し、まずは病気に関する知識を得ることが必要です。

　もし、情報が不十分だと感じたら、セカンドオピニオンを求めるという選択肢もあります。**大事な猫のため、納得のいくまで情報収集をしましょう。**

費用について

　ペットに対する公的な医療保険は存在しないため、治療費はすべて飼い主さんの負担となります。闘病が長引けば、当然負担は大きくなっていきます。最近ではペット保険の種類も増えてきましたが、治療費のすべてをカバーできるわけではありません。病気を宣告されたら、治療に必要な金額を確認し心づもりをしておくことも必要です。

病院について

　通院する機会も増えていき、獣医師に相談することも多くなるでしょう。猫を連れた移動を考えると、**「近くて通いやすい」ことは大事なポイント**ですし、往診が可能であればより安心です。大事な猫を任せるわけですから、看取りも視野に入れ、妥協せず信頼できる病院を探しましょう。

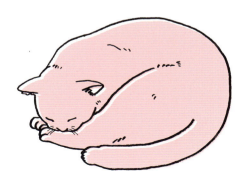

看取りケアの心得

　治療はやり尽くし、余命が長くないと診断されたら、看取りケアの準備を始めます。

　宣告をされても落ち着いて受け入れられるよう、どのような看取りケアをするか、事前に家族できちんと話しあうなどして、心づもりをしておきます。これまで同様、生活環境を整え、猫の食事や排泄に気を配ることはもちろんですが、介護する側の心のケアも必要です。看取りケアは心理的な痛みを伴います。これまでの治療に対する迷いや後悔、やがて訪れる別れに対する不安など、さまざまな想いに襲われるはずです。飼い主さんが1人暮らしの場合はなおさらでしょう。友人やペット仲間など、悩みや不安を理解してくれる相手に想いを吐き出し、ひとりで抱え込まないことです。飼い主さんが元気でいることが、猫のQOLを維持することにつながります。

緩和ケアを取り入れる

　悪性腫瘍など看取り期に痛みを伴う病気の場合は、獣医師と相談のうえ、鎮痛剤などを用いた緩和ケアを取り入れていきましょう。

マッサージで筋力維持

看取り期の猫は1日のほとんどを寝て過ごすため、関節や筋肉が固まりやすくなります。できれば最後まで自力でトイレに行けるよう、**膝の曲げ伸ばしをしたり、やさしく体をさすったりして、筋力の衰えを防ぎます**。力は入れすぎず、猫が嫌がるそぶりを見せたらすぐにやめましょう。

体を清潔に保つ

看取り期の猫は毛づくろいをしなくなり、自力で体の汚れを落とすことが難しくなります。特に分泌腺の多いお尻と腰まわりが汚れてしまいますので、猫の様子を見ながらお尻拭きシートなどで拭き取ってあげます。フードやよだれがたまる口まわりも同様です。

ペットモニターでいつでも見守る

ペット用見守りカメラ、ペットモニターがあれば、外出先でもスマートフォンで猫の様子が確認できます。変化がなければ安心できますし、何かあれば駆けつけることもできます。猫に話しかけることのできる音声機能付きのモニターもあります。

寝たきりになったら

　看取り期の猫は、立つことも困難になる場合がありますが、たとえ寝たきりになっても猫のQOLを優先し、少しでも気持ちよく暮らせるよう心がけましょう。

ベッドを工夫

　猫は体重が軽いため、3～5kg程度の標準的なサイズであれば、床ずれができる危険性は低いといわれています。ただし、ベッドがやわらかすぎると体が沈み込んでしまい、ベッド側に触れている箇所に荷重がかかってしまう恐れがありますので、低反発マットレスを敷いて、体勢を維持してあげます。寝返りが打てない猫に対しては、1日に何回か向きを変えてあげるといいでしょう。また、排泄や嘔吐した場合のことを考えて、撥水加工のシーツやトイレシーツを敷いておきます。

食事を介助

　シリンジなどを使い、やわらかくしたフードを食べさせますが、横向きに寝ている猫の首から上だけを持ち上げるようにして食べさせると、フードが気管に入ってしまう危険性がありま

す。誤嚥性肺炎を防ぐためにも、**猫に〝伏せ〟のような姿勢をとらせてから、あごの下を手で支え、少しずつゆっくりと流し込みます**。ただし、猫が弱っている場合、伏せの姿勢でも誤嚥する危険性がありますので、介助する際はその都度、獣医師に相談しましょう。

排泄への気づかい

　寝たきりになっても、やはり猫は自力でトイレに行こうとします。多少でも動けるのであれば、猫の寝床のそばに縁のないトイレを用意し、**体を抱きかかえ腰を支えるなどして排泄をさせてあげましょう**。まったく動けなくなった場合には、ベッドにトイレシーツを敷いたり、オムツを使ったりして対処します。ただし、**オムツを嫌いな猫もいる**ので、猫の様子をよく見極めて使用します。もし嫌がるようなら使用を中止しましょう。市販の猫用オムツの中には芳香剤つきのものがありますが、強い香りは猫にとってストレスになりますので避けてください。

入院の注意点

　静脈点滴など、病院でなければできない処置もありますので、必要に応じ入院することになります。また、1人暮らしの飼い主さんが仕事で数日間、留守にしなければならない場合に入院させることもあるでしょう。キャットシッターや知人に世話をお願いする方法もありますが、看取り期の猫は食事や排泄の世話、投薬にも気を配らなければならないため、負担が大きいかもしれません。また、留守中に容態が悪化することも想定し、日中だけ入院させるという選択肢もあります。

連絡体制を決める

　看取り期の猫は、入院中に容態が急変することもあります。何かあれば病院からすぐ連絡をもらうのはもちろんですが、**仕事などで連絡が取れない場合、代わりに受けてくれる人を伝えておく**など、連絡体制を決めておくことが必要です。

費用を確認する

　入院費用は猫の状態や期間によってまちまちです。看取り期に入ったら、入院の予定がなくても、動物病院に見積もりをお

願いしてみましょう。おおよその金額がわかれば、何かあったときのために準備しておくことができます。

面会は可能か

猫は環境が変わるのをとても嫌います。具合が悪いときならなおさら不安になってしまいますので、ストレスを軽減してあげるためにも、**できるだけ病院を訪れて顔を見せてあげましょう**。面会時間が決まっている場合もありますので、あらかじめ確認しておきます。

猫の安心グッズを持参する

動物病院によっては、ケージの中に毛布やクッションなど、猫が普段から使っているものを敷いてくれます。また、おもちゃや食器などを持ち込めるところもありますので、**できるだけ使い慣れたものをそばに置いて猫を安心させてあげましょう**。

老猫ホームという選択

　高齢の猫が病気になっても、最期のときまで一緒にいたいというのは、多くの飼い主さんの願いです。ただし、飼い主さん自身が高齢で猫の介護ができない、1人暮らしで入院してしまったなど、不測の事態が起きないとも限りません。

　そうしたときに力になってくれるのが、「老猫ホーム」という施設です。費用は、猫の病気の具合や介護の程度、さらに預ける期間によって変わってきます。決して安くはない金額ですので、事前チェックは念入りに。環境省が定める「第一種動物取扱業」の登録を受けていることはもちろん、入居後の猫がどんな環境で暮らすのか、猫の様子はどのように報告してくれるのか、面会はできるのか、入院したりホームで亡くなったりした場合の対処など、気になることはきちんと確認し、納得したうえで預けるようにしてください。

　インターネットで検索するとたくさんの情報が得られますので、あらかじめ調べておくのもいいでしょう。ただしネットの情報だけに頼らず、実際に施設を見学し、スタッフや設備、そこで暮らす猫の様子などを自分の目で確認することが必要です。

第5章

お別れのときを迎える

余命宣告をされたら

とてもつらいことですが、治る見込みがないと診断されれば、そう遠くない先にお別れはやってきます。大事な猫とのお別れをどこで、どのように迎えるか、**飼い主さんは最後の決断をしなければなりません。**

いつ容態が急変するかわかりませんので、突然の事態に備えて、動物病院との連絡体制はしっかり整えておいてください。

もし自宅で看取ると決めたら、覚悟しなければいけないことがいくつかあります。ふさふさだった毛はツヤがなくなり、体もやせ細ってしまいます。やがて足腰も弱っていき、立ち上がれなくなったり、失禁したり嘔吐したり、飼い主さんにとってはつらい場面がいくつも訪れます。

これまで一緒に過ごしていた猫の苦しそうな様子を見るのは、飼い主さんにとってはとてもショックなことだと思います。それでも、**楽しい時間をくれた猫への感謝の気持ちを込めて、最期までできる限りのことをしてあげましょう。**

安楽死という選択

　最期まで看取ると決めていても、猫が激しい苦痛に襲われる様子を見ているうちに決心が揺らぐこともあるでしょう。苦痛を取り除いてあげたい一心から安楽死という選択をしても、誰も責めることはできません。

　もちろん、命に関わる決断ですから、そう簡単にできるものではないでしょう。**少しでも心に迷いがあるなら、絶対にやめてください。**家族に反対意見がある場合も同様です。選択した後、やめればよかったと後悔を引きずることになってしまいます。

　安楽死が選択肢のひとつになるなら、かかりつけの獣医師に相談しましょう。安楽死に対する考え方はそれぞれですので、依頼が可能かも含め意見を聞くことは必要です。

　安楽死は鎮静剤などの薬剤を投与し、猫が眠るように意識をなくしたあと、命を絶つ薬が投与されます。**猫は穏やかに眠ったまま旅立つことができます。**

　飼い主さんの腕の中で最期を迎えることができれば、猫も安らかに旅立てるでしょう。その日は必ず立ち会い、最期のときまで見守ってあげてください。

看取りを覚悟する

　自宅で看取ると決心したら、**臨終までの間、飼い主さんがすべきことを獣医師に事前に確認しておきましょう。**ある程度覚悟ができていれば、何があっても動揺せずに対処できるからです。とはいえ、最後にできることはそれほど多くはありません。穏やかに旅立てることを願い、いつものように話しかけ、やさしくなでてあげましょう。

やわらかなベッドに寝かせる

　毛布やフリースなどを敷いた上にペットシーツを何枚か重ね、猫を寝かせます。失禁したり嘔吐したりして、体が濡れてしまったら、温かい濡れタオルやウエットシートでやさしく汚れを拭き取ります。猫によっては冷たい場所に行きたがる場合もありますので、**無理に戻さず、猫が行きたい場所で寝かせてあげてください。**

無理に食事させない

　食事をとることも難しくなりますので、無理に食べさせようとはしないでください。もし受けつけるようならシリンジに水

を入れて数滴垂らしてあげます。**飼い主さんが指で口を湿らせるだけでも大丈夫です。**

常に誰かがそばにいる

　容態が急変することもありますので、**常に家族の誰かがそばで見守るようにします。**飼い主さんの気配が感じられれば、きっと猫も安心するはずです。やさしく声をかけ、そっと体をなでてあげましょう。もし、どうしても留守にしなければいけない場合は、猫を飼っている知人やキャットシッターなど、信頼できる相手についていてもらうようにします。

02

お別れのサイン

　最期は自分の腕の中で旅立たせてあげたい、そう願う飼い主さんは多いでしょう。臨終が近くなると、**意識がなくなったり、呼吸の状態が変化したり、嘔吐したり……、いろいろな変化が表れます**。最期の瞬間まで猫のそばにいるために、お別れのサインを見逃さないようにしてください。

嘔吐する

　亡くなる直前には嘔吐することもあります。嘔吐すると心臓に負担がかかるため、嘔吐した瞬間に心臓が止まり、そのまま亡くなってしまうこともあります。**嘔吐した場合は、猫から目を離さず見守りましょう。**

意識が弱くなる

　目を閉じたまま、名前を呼んでも、体をさすっても何も反応しない場合は、呼吸の様子を確認しましょう。**口呼吸をしていたら要注意です。**呼吸が浅くて速い、逆に深くてゆっくりしていたら、あと数時間かもしれません。そばを離れず、やさしく体をなでながら見守りましょう。

心臓の音が弱くなる

　健康な猫の心拍数は1分間に140〜220回ですが、**臨終間際になると心臓の動きはかなりゆっくりした状態になります。**心拍数が下がり、さらに心音が弱くなっていたら、最期が近づいていることを意味しています（聴診器は2000円程度で購入できますので用意しておくといいでしょう）。

意識が戻ることがある

　最期の瞬間、意識が少し戻ることがあります。持ち直したかも、と飼い主さんが安心した途端、またすぐ意識が弱くなる、ということを繰り返す場合もあります。猫は最後の力を振り絞って、お別れをしようとしているのかもしれません。

　これらのサインが見られたら、そっと抱っこしてあげましょう。臨終の際、けいれんすることもありますが、驚かず、しっかり抱きとめます。もちろんそばで見守るだけでも大丈夫です。

旅立ちの準備

　悲しいことですが、猫が息を引き取ったら、なるべく早く涼しい部屋に亡骸(なきがら)を移し、**無理のない範囲で、きれいにしてあげましょう。**

　まだぬくもりのあるうちに四肢をほぐし姿勢を整えたら、目や口を閉じさせ、よだれや目やにを拭き取ります。亡くなる際、失禁する場合もありますので、敷いてあったペットシーツを交換し、お尻まわりもきれいに拭きます。体を傾けると体内に残っていた体液が鼻や肛門から出ることもありますが、量はそれほど多くありません。体が汚れたら拭いてあげましょう。

　もし毛が乱れていたら、ブラシやくしでとかしてあげます。もちろんつらくてできない場合もあると思いますので、できる範囲で構いません。

　亡くなったあと、2時間ぐらいで死後硬直が始まりますので、それまでに終えるようにします。こうした一連の支度は「エンゼルケア」と呼ばれ、動物病院で行ってくれる場合もあります。

04

棺を用意する

　体をきれいにしたら、棺(ひつぎ)を用意し、亡骸をその中に安置します。棺を置いておく部屋の温度は低めに設定しますが、家に置くのは2日程度にしてください。

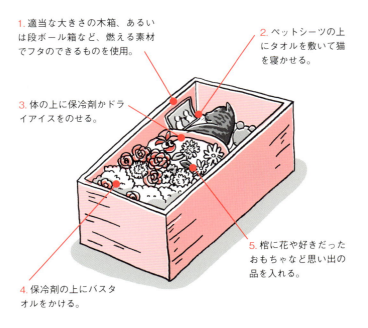

1. 適当な大きさの木箱、あるいは段ボール箱など、燃える素材でフタのできるものを使用。

2. ペットシーツの上にタオルを敷いて猫を寝かせる。

3. 体の上に保冷剤かドライアイスをのせる。

4. 保冷剤の上にバスタオルをかける。

5. 棺に花や好きだったおもちゃなど思い出の品を入れる。

亡骸を葬る

　棺の中の猫と心ゆくまで最後のお別れをしたら、亡骸をどう葬るかを考えます。ペットの葬り方に関し社会的なルールは存在しません。**どのような葬儀や埋葬方法を選択するかは、飼い主さんの想いに従い行ってください。**

土葬にする

　飼い主所有の土地であれば、亡骸を埋めることが可能です。自宅に庭があり、猫にずっと近くにいてほしいと思えば、土葬という選択もあります。

●場所選び
木の根元近くなど、**あまり人が踏み荒らさないような場所**を選びます。

●穴の深さ
なるべく深く、できれば **50cm以上掘ってください。** 穴が浅いとカラスなどが死臭を嗅ぎ取り、掘り起こしてしまう恐れがあります。

●棺の素材

遺体は綿のタオルで包み段ボール箱などにそっと寝かせます。ポリエステル素材やプラスッチク容器を使用すると、いつまでも土に還(かえ)れなくなってしまいます。土に還れない素材の首輪やおもちゃなども埋めないようにします。

●土に還す

穴に遺体を置いたら、土をかけます。これを「埋め戻す」といいます。埋めた場所は目印のため、ややこんもりと土を盛り上げます。

●墓標をつくる

墓標はなんでも構いません。土を盛り上げたところを石で囲ったり、花で飾ったりしてもいいですし、手づくりの墓標を立てるのもいいでしょう。

171

火葬にする

火葬にする場合、自治体、あるいはペット霊園に依頼するという方法があります。自治体での火葬は3000円前後、ペット霊園に依頼した場合の相場は2万～3万円です。最近では**火葬から葬儀まで引き受けてくれるペット霊園も増えています**。葬儀にはいくつか方法があり、火葬後、希望に沿った葬儀を行うことができます。猫を亡くしたばかりで、葬儀のことなど考えられないという場合は、かかりつけの動物病院に相談してみましょう。

●合同葬
ほかのペットたちと一緒に火葬されますので、遺骨を引き取ることはできません。遺骨はまとめて霊園の合同供養塔などに埋葬されます。

●個別葬
個別に火葬されます。立ち会いはできませんが、一般的に遺骨は骨壺に入れて返骨されます。

●立ち会いの個別葬
個別に火葬され、立ち会うことができます。火葬後は人間の場合と同様、お骨上げをします。

●**移動火葬車**

火葬炉を設置した専用車が自宅を訪れ、その場で火葬してくれます。無煙・無臭なので、近隣の迷惑になることはありません。遺骨は引き取ることができます。

　落ち着いたら遺骨の行方を考えましょう。もし庭があれば埋葬するという選択肢もあります。土葬ほど深く掘らなくても大丈夫ですが、大雨などで土が流れて出てこないよう、骨壺がすっぽり隠れるぐらいの深さは必要です。

　また、**ペット霊園の中には納骨堂を設置しているところもあります。**毎年の使用料は必要ですが、いつでもお墓参りができますし、永代供養に切り替えることも可能です。もちろん、すぐに決める必要はありません。自分なりのペースで納得がいくまで考えましょう。

ペットロスと向き合う

　死別などでペットを失うことを「ペットロス」といいますが、最近ではその悲しみから立ち直れない状態を指す言葉として使われています。見送りを終えると、猫を失った喪失感と悲しみが一気に押し寄せてきます。「あのときああすればよかった……」などと、治療や看取りに対する後悔が生まれることもあるでしょう。いろいろな感情が湧いてきて、すぐに立ち直ることは難しいですが、猫と一緒に過ごした楽しい時間は飼い主さんの中に確かに存在します。無理せず、少しずつ思い出に変えていきましょう。

つらい気持ちを受け止める

　亡くなってすぐは、猫がいないという事実をなかなか受け入れられないかもしれません。写真を整理し思い出を振り返る、遺骨が家にあればお花を供えて手を合わせるなどして、楽しい時間をくれたことへの感謝を伝えます。そうすることで、猫がいないという事実と向き合えるようになるでしょう。ただし、急ぐことはありません。あまりにつらかったら、少しぼんやりすることも必要です。

悲しみを共有する

　悲しい気持ちをひとりで抱えるのはつらいものです。**同じように猫を亡くした経験を持つ人に話を聞いてもらいましょう**。話すことで気持ちが整理されますし、きっと共感し合えるはずです。そうやって心を解放することが立ち直るきっかけにつながります。SNSで思いを発信するのもひとつの方法です。

想いに寄り添う

　家族間でも猫の死に対する想いに差が生じることがあるかもしれません。悲しみが癒されるまでの時間は人それぞれですので、もし家族の誰かが立ち直れずにいたら、一緒に思い出を語り合うなどして、そっと寄り添ってあげましょう。

新たな出会いを受け入れる

　猫を見送った直後は、「つらい別れを繰り返したくない」という気持ちや、亡くなった猫に申しわけないという思いから、再び猫を迎え入れることは考えられないかもしれません。しかし、それではいつまでも悲しみを引きずることになります。**新しい猫が、亡くした猫との幸せな時間を思い出させてくれるかもしれません**。それが癒やしにつながるのではないでしょうか。

column

同居猫の心のケア

　多頭飼いをしていたある飼い主さんは、猫が亡くなる際、ほかの猫たちがお別れをするように1匹ずつそばに寄り、そっとなめてあげる姿を見たと言います。そう聞くと、猫も別れを認識しているのだろうと思ってしまいますし、人間と同じように、「仲間ロス」になるという説も納得です。仲間を亡くした猫は次のような変化が訪れることがあります。

●今まで以上に飼い主にすり寄ってくる
●亡くなった猫のお気に入りの場所をうろうろする
●夜中や早朝に大きな声で鳴く

　こうした行動変化がどのぐらい続くかは猫によって差がありますし、必ずしも仲間ロスが原因とは断定できないかもしれません。しかし、飼い主さんと同じように、何らかの喪失感を抱いていることは十分考えられます。猫たちがもとの状態に戻るまで、ゆっくり寄りそってあってあげましょう。

特別編

震災から猫を守る

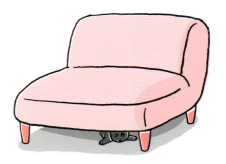

01

地震に備える

　突然の大きな揺れは、猫にとって恐怖以外のなにものでもありません。まして、飼い主さんが慌てていたら、猫はますますパニックに陥ってしまうはず。**まずは飼い主さんが落ち着いて猫と自分の安全を確保しましょう。**

　倒壊などの恐れがなければ、自宅に留まることもひとつの選択ですが、もし、緊急避難の必要が生じたら、猫も一緒に避難することになります。しかし、ペット不可の避難所もあるかもしれませんし、そもそも猫が隠れてしまい出てこなかったらどうするかなど、考えるべきことはいくつもあります。

　もしものときに慌てないよう、普段からシミュレーションや情報収集などの準備を行い、突然の震災に備えましょう。

178

特別編　震災から猫を守る

室内の危険を取り除く

　地震で最も怖いのは、家具類の転倒や落下によるけがです。体の小さな猫の場合、家具の下敷きになり動けなくなってしまう恐れもあります。まずは、**食器棚や本棚など、転倒の恐れのある大型家具は必ず固定します**。高いところに猫のお気に入りの場所がある場合はなおさらです。キャットタワーやケージも同様に固定します。

　棚にものを収納する際は、重いものを下に軽いものは上に置くことが基本です。高い場所にテレビや観葉植物などを置かないようにしましょう。背の高い家具は猫が入らない部屋に集めておくのもひとつの方法です。

　ガラスは割れると飛び散ります。人はもちろん、**猫が破片でけがをしないよう、窓ガラスや食器棚のガラスにはガラス飛散防止フィルムを貼ると安心です**。

　飼い主さんが留守のときに地震が発生し、猫が室内に閉じ込められることを防ぐため、ストッパーを用いてドアは開いた状態にしておくといいでしょう。

室内の避難場所を確保する

　例えば人見知りの猫の場合、来客があった際、パッと隠れてしまうことがあります。実はそこが猫にとって一番安心できる場所なのです。**地震が起きてパニックになった猫は、安心できる場所に真っ先に身を隠します**ので、普段から猫の隠れ場所を確認しておきましょう。

　場所を確認したら、そこに危険が及ばないようにすることも必要です。周囲に落下するようなものがあれば、移動させておきます。

　キャリーケースが隠れ場所になる場合もあります。キャリーケースが心地いい場所であれば、猫は自分から逃げ込みますし、そのまま避難所に連れて行くこともできます。

　安全が確認され、自宅に留まることになったら、**隠れ場所にいる猫を無理に引きずり出さず、自分から出てくるまでそっとしておきましょう。**

特別編　震災から猫を守る

猫と一緒に避難するために

「同行避難」と「同伴避難」

　環境省が発表している「人とペットの災害対策ガイドライン」では、飼い主がペットと一緒に避難する「同行避難」を推奨しています。ここで気をつけたいのが、「同行避難」とはペットを同行し、安全な場所まで避難することを指していること。同行避難は多くの自治体で可能ですが、**居住エリアで人とペットが一緒に暮らすことのできる「同伴避難」が可能な避難所はまだわずかです。**

　避難所に同行した猫は、定められた飼育スペースで、飼い主さんの責任のもと暮らすことになります。飼育スペースの運営は飼い主さんたちが共同で行うことになり、そこで必要になるフードをはじめとした避難グッズは、すべて飼い主さんが揃えなければなりません。

情報を収集する

　自分が住んでいる自治体の避難所の場所を確認することから始め、同行避難は可能か、猫の飼育スペースは設置されるの

か、飼育に関するルールはあるのかなど、避難所に関する情報をあらかじめ確認しておきます。また、時間があれば、猫を連れていることを想定し、同じ重さの荷物を持って歩いてみるといいでしょう。

家族で役割分担

ペットと避難する際は、一人一匹が基本といわれています。多頭飼いをしている飼い主さんは、もしもの場合に慌てないよう、家族で担当を決めておくことも大切です。もし、1人暮らしで多頭飼いしているなら、友人に助けを求めるなど、猫を避難させる方法を事前にシミュレーションをしておきましょう。

ワクチン接種を済ませる

避難所では大勢のペットが一緒に暮らすため、どうしても**伝染病の危険性が高くなります。**ワクチン接種は必ず済ませておきます。また、避難所で発情期を迎えた猫が鳴き出したためまわりの猫たちもつられて騒ぎはじめた、オス猫のスプレー行為に苦情が出たなどという事態を防ぐためにも、できれば去

勢・避妊手術も済ませておきます（去勢・避妊に関しては101ページを参照）。

キャリー生活に慣れさせる

　飼育スペースで猫たちはキャリーケースかケージの中で生活するようになります。そこで、猫が長時間キャリーやケージの中で過ごすことができるよう、普段から慣れさせておきましょう。ときには、その中でおやつやフードをあげるなどトレーニングしておけば、避難所でもスムーズに食べてくれる可能性が高くなります。

マイクロチップで迷子防止

　マイクロチップとは、登録された15桁の数字を専用のリーダーで読み込むと、飼い主の名前や住所などがわかるというもの。大きさは約1cmで、猫の皮下に埋め込みます。日本ではまだ装着率が低いといわれていますが、2019年6月、販売用の犬猫に対しマイクロチップの装着を義務化する改正動物愛護法が成立しました。義務化は販売用に限っていますが、すでに飼っている人にも装着を呼びかけています。飼い主が犬猫を安易に捨てることの防止が主な目的ですが、災害時、万が一迷子になった場合の身元確認に役立ちます。助成金が出る自治体もありますので、確認のうえ、獣医師に相談してみましょう。

猫が逃げてしまったら

　避難途中ではぐれてしまったり、避難所から逃げ出したりしたら、どうやって捜せばいいのでしょうか。室内飼いの猫の行動範囲は限られていて、脱走しても多くの場合、半径50m以内にいるといわれています。**あまり遠くへ行くことができませんので、まずはいなくなった場所の近くから捜索を始めます。車の下、路地、植え込みなど猫が隠れそうな場所を捜しましょう。**また、猫は縄張り意識が強いので、自分の縄張りである自宅に戻ってくることもあります。

食事タイムが狙い目

　いつも決まった時間にフードを食べさせている猫なら、食事時間が体内時計に組み込まれていますので、逃げ出しても、その時間になると食事をしに家に帰ってくるかもしれません。もし**自宅の近くで逃亡したなら、玄関の前にフードを置いてみましょう。**ふらりと帰ってくる可能性もあります。

【捜索のポイント】

●日中より夕方に捜す
昼間は警戒して物陰に隠れ、日が暮れて人や車の往来がなくなった頃に動き出すことが多い。

●猫のにおいつきグッズを持参
自分のにおいにつられて姿を現す可能性がある。

●見つけたら静かにゆっくり近づく
騒いだり、急に近づいたりするとびっくりして逃げてしまうので、見つけたら低い姿勢をとり、そっと名前を呼びながら少しずつ慎重に近づく。

●大きめの洗濯ネットとおやつを用意
猫が近づいたものの、逃げ出しそうな気配を感じたら、洗濯ネットを一気にかぶせて捕獲する。

避難所での注意点

　できれば避けたいことですが、しばらく避難所での生活を余儀なくされる可能性もありうるでしょう。避難所ではお互いを気遣い、助け合いながら暮らさなければなりません。猫を連れて避難した場合、さらに配慮が必要になります。

誰もが猫好きとは限らない

　当然のことながら、避難している人の中には猫が嫌いな人も存在します。また、猫アレルギーの人もいるでしょう。狭い空間に猫が一緒にいることで、アレルギーが悪化してしまうことも考えられます。無用なトラブルを避けるためにも、**猫を連れて避難した場合は、謙虚な姿勢を心がけましょう。**

ケージを覆う

　猫が段ボール箱の中など暗くて狭いところが好きなのは、そこが落ち着く場所だからです。そこで、段ボールや布切れといった**避難所に余っているものでケージを覆うなどして、猫の視界をふさいであげましょう。**それだけで見知らぬ人やほかの動物が目に入らなくなり猫は安心できます。

猫を安心させる

　人間がそうであるように、猫も慣れない環境に置かれるとストレスを感じます。しかも多くの場合、飼い主さんと離れて暮らすわけですから、不安で仕方がないはずです。できるだけ猫の飼育スペースに顔を出し、声をかけたり、マッサージをしたり、**スキンシップをはかることで猫を落ち着かせてあげましょう**。食事や排泄の様子などをチェックすることも忘れずに。

猫のための避難の際の持ちものリスト

キャリーケース
猫を運ぶためには欠かせない。

ポータブルトイレ
折りたたみのできるものが便利。

猫砂
猫のにおいのついたものをひとつかみでもOK。

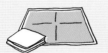

ペットシーツ
トイレを置けない場合のために。

毛布
猫のにおいのついたものを用意しておく。

タオル
バスタオルとフェイスタオルを1枚ずつ用意。

ゴミ袋
ゴミを入れる以外、汚れものの仕分けなどにも使える。

ガムテープ
ケージの補修などに、あれば便利。

食器
フードと水用にプラスチック製のものを2つ準備。

フード、水
1週間分を目安に用意。

薬
服用しているものはすべて持参。

おもちゃ
お気に入りのタイプのものをいくつか用意。

ブラシ
日常的に使っているものと同じものを。

エリザベスカラー
けがをした際に使用。

ハーネス、リード
逃げ出さないようにつけておくと安心。

洗濯ネット
移動時、猫が暴れた場合の保定用。

猫の写真
逃げ出した場合の捜索用。

飼い主＆かかりつけの病院の連絡先
いざというときに役に立つ。

おわりに

　人と猫の時間のスピードについて考えることがあります。『ゾウの時間 ネズミの時間－サイズの生物学』（中公新書）というベストセラーがあり、この本は、哺乳類の心臓はだいたい一生の間に20億回拍動するという冒頭から始まります。

　つまり体の小さい動物ほど拍動が速く、寿命が短いという考え方です。確かに、人間にくらべ寿命の短い猫の心拍数は140〜220回／分（リラックスしているときはやや少なくなります）と人間の心拍数よりもかなり速いです。

　たまに20歳ぐらいの息子さん、あるいは娘さんと一緒に20歳のおばあちゃん猫と来院された飼い主さんが、「うちの猫は子どもより年上なのでおねえちゃんなんですよ」と、診察室で冗談交じりに話されることがあります。

　さすがに猫も20歳を超えると毛並みはパサパサになり、黒かった被毛も色素が抜けて茶色になり、白髪が目立ちます（人間ほど全部が白髪になることはありません）。

　また、目の虹彩は色素沈着でシミが散見し、歯は数本

あるいは、ほとんどが抜け落ち、病院に来てもじっと佇むなど、まるで仙人のような雰囲気をまとっています。一方で20歳の人間は、まだ成長期を終えたばかりで、目は輝き、肌は張り、まさにこれから人生で最もエネルギーに満ちた時代を迎えるかのような状態です。

　種が異なるので老化のスピードが違うのは当然ですが、猫のことばかり考えている私のような人間からすると、猫が思考のベースになってきているため、人間の年齢を言われてもピンとこないことがあります。現在、私は30代半ばであり、猫に換算すると5歳です。猫年齢で言われたほうがそろそろ健康診断を受けないとなぁと実感がわきます。

　改めて、猫は人間の数倍の速さで歳を重ね、老後を迎えることを知っておいてください。この本が、大事な猫と少しでも長く幸せに暮らせるため、飼い主さんが何をすべきかを考えていただくための一助になればと思います。

猫専門病院 Tokyo Cat Specialists 院長

獣医師　山本宗伸

あなたの猫が
7歳を過ぎたら読む本

2019年9月29日　第1刷発行

監修者	山本宗伸
発行者	安藤篤人
発行所	東京新聞
	〒100-8505　東京都千代田区内幸町 2-1-4
	中日新聞東京本社
電話	［編集］03-6910-2521
	［営業］03-6910-2527
FAX	03-3595-4831

装丁・本文デザイン	中村 健（MO' BETTER DESIGN）
本文イラスト	勝部ともみ
カバー撮影	嶋 邦夫（東京新聞編集局写真部）
カバー猫	松並みょうが（メス、2歳）
校正	あり工房
編集	阿部えり
印刷・製本	株式会社シナノ パブリッシング プレス

©Soshin Yamamoto, Eri Abe 2019, Printed in Japan
ISBN978-4-8083-1036-3　C0045

◎定価はカバーに表示してあります。乱丁・落丁本はお取りかえします。
◎本書のコピー、スキャン、デジタル化等の無断複製は著作権法上での例外を除き禁じられています。本書を代行業者等の第三者に依頼してスキャンやデジタル化することは、たとえ個人や家庭内での利用でも著作権法違反です。